知 识
对 话 录

THREE DIALOGUES
ON KNOWLEDGE

—————— 作者 ——————

保罗·费耶阿本德
Paul Feyerabend

—————— 译 | 校 ——————

郭元林 | 韩永进

国家哲学社会科学基金项目"费耶阿本德哲学研究"
天津大学科学技术与社会研究中心 资助出版

中国科学技术出版社
·北 京·

著作权合同登记号：01-2020-0339

图书在版编目（CIP）数据

知识对话录 /（美）保罗·费耶阿本德（Paul Feyerabend）
著；郭元林译 . —北京：中国科学技术出版社，2020.9
书名原文：Three Dialogues on Knowledge
ISBN 978-7-5046-8598-8

Ⅰ. 知⋯ Ⅱ. ①保⋯ ②郭⋯ Ⅲ. ①知识论 Ⅳ. ①G302

中国版本图书馆 CIP 数据核字（2020）第 070828 号

策划编辑	杨虚杰
责任编辑	王绍昱
封面设计	中文天地
正文设计	中文天地
责任校对	张晓莉
责任印制	马宇晨

出　　版	中国科学技术出版社
发　　行	中国科学技术出版社有限公司发行部
地　　址	北京市海淀区中关村南大街 16 号
邮　　编	100081
发行电话	010-62173865
传　　真	010-62173081
网　　址	http://www.cspbooks.com.cn

开　　本	787mm×1092mm　1/16
字　　数	200 千字
印　　张	16.25
版　　次	2020 年 9 月第 1 版
印　　次	2020 年 9 月第 1 次印刷
印　　刷	北京盛通印刷股份有限公司
书　　号	ISBN 978-7-5046-8598-8 / G·855
定　　价	78.00 元

（凡购买本社图书，如有缺页、倒页、脱页者，本社发行部负责调换）

"大胆的思想家，非凡的论辩家，激进的反传统者……"

《出版者周刊》（*Publishers' Weekly*）

中文版序

穆内瓦（Gonzalo Munévar）①

在最近一百年的科学哲学中，费耶阿本德（Feyerabend）的《知识对话录》（*Three Dialogues on Knowledge*）是不寻常的著作之一。正如其书名所示，它由三个哲学对话录组成。第一对话录写于 1990 年，也许是最有趣的。在许多方面，它类似于一个话剧，描绘了加州大学伯克利（Berkeley）分校的博士生研讨班的情况，几个角色进行热烈争论，常常从一个话题跳到另一个话题。费耶阿本德自己的研讨班曾经就是这样。

阅读第一对话录，使我回想起了曾是他学生的美妙时光。我第一次遇见他，就是在一个相当压抑的研讨室，与他在书中描述的非常相像。他用拐杖支撑着自己（在第二次世界大战中，他的脊柱遭枪击受伤）跛着走进来，坐下；翻开笔记本，问坐在他左边的那位学生将演讲什么内容，什么时候演讲。他继续询问坐在桌旁的学生，直至问到我。我说："我只是旁听，不要成绩。"他说："那没有关系！如果你想听课，你也必须做演讲。"

---

① 穆内瓦（Gonzalo Munévar）是美国劳伦斯科技大学（Lawrence Technological University）的荣誉退休教授，于 2019 年专门为《知识对话录》中文版写了此序。

我回答道："但是，我的所有想法都是奇异的。"他说："这很正常，你什么时候把那些奇异的想法讲出来？"然后，令人振奋的经历就开始了，与第一对话录所描绘的研讨班一模一样。在激烈的讨论中，呈现出各种各样的科学批判和哲学批判。而且，幸运的是，讨论并不总是在那个阴暗的研讨室来进行。每当天气好的时候（伯克利的天气经常不错），费耶阿本德就把研讨班转移到摩西大厅（Moses Hall，即哲学楼，靠近那个非常高耸的钟楼）前面的草地上。正如对话录中所描绘的，参加课堂者并不都是哲学专业的学生。不知消息是怎么传播的，常常有物理学、生物学、流行病学和许多其他学科的博士研究生来参加研讨班。第一对话录中的教授是科尔博士（Dr. Cole），他指定研讨柏拉图的《泰阿泰德篇》（*Theaetetus*），但他并不代表费耶阿本德。尽管如此，但他的观点还是呈现在讨论中，有时通过一个学生之口，有时通过另一个学生之口。

例如，费耶阿本德在《反对方法》（*Against Method*）中所强调的一个观点是：卓越的理论（我们今天所相信的理论）很长时间（甚至达几千年之久）受事实困扰，受实验困扰。在第一对话录的前几页，就讨论了两个非常好的例证。第一个例证是原子论，德谟克利特（Democritus）在很久以前就提出了该理论，但两千多年来它一直遭到拒绝。确实，直到爱因斯坦（Einstein）在 1905 年发表有关布朗运动（Brownian motion）的论文，它才被完全接受。第二个例证是关于地球运动的，这种观点在古代被提出来，但遭到了"亚里士多德（Aristotle）严厉而合理的批判"。但是，哥白尼（Copernicus）"恢复了它，并使它胜利了"（英文版第 8 页）。这些重要的例证违背了证伪主义（falsificationism）的哲学教条：反驳的可能性是科学与非科学（non-science）之间划界的界线。更糟糕的是，虽然科学实践似乎受形而上学的东西指导，可是，20 世纪的科学哲学却对形而上学轻蔑之至。确实，在第一对话录中，读者随处能发现对当代专业哲学的不敬评论，"你仅仅分析概念（concept）的逻辑性质，而且认为那就是有关它们所能说的一切"（英文版第 11 页）。

在科尔博士代表费耶阿本德（至少是根据我当时参加的许多研讨班而获知的那个费耶阿本德）的几种情形之一中，他捍卫费耶阿本德从前可能喜爱过的一种温和的相对主义（英文版第 17 页）。但是，在其他场合，他捍卫库恩（Kuhn）提出的观点，如"科学观点之间的转变论证更像宗教皈依"；但一些学生对这种观点提出了许多批判，他们不仅有论证，而且还有来自科学史的例证。然而，却很少能达成一致的意见。受到批判的另一个思想是柏拉图（Plato）的这个观念：真正的知识如同数学。再次阅读第一对话录，几乎就像观看话剧一样：一些角色具有坚定而明确的意见，一些角色在科学和科学史方面仿佛是极为博学的，而且，他们对专业哲学（特别是分析哲学）的一般态度是非常否定的。

接着出现的一个讨论非常有趣，它围绕着普罗塔哥拉的命题（Protagoras' thesis）"人是万物的尺度"，特别是围绕他提出的观点：我们"衡量"（measure）某物的方式是其"存在"（be）。一个学生指出：这"正是量子理论（quantum theory）关于测量过程所说的意思"（英文版第 28 页）。柏拉图的回应是"事物有确定的性质……被测量"，那么，把此回应与爱因斯坦－波多尔斯基－罗森（Einstein–Podolsky–Rosen）反对量子理论的思想实验相比较。一些学生在理解更专业的细节点（如那些涉及量子不确定关系的细节点）上有困难，但是，一般的说明还是可以看到。很快，该小组又讨论了任何理论或实验所依赖的那些假设，它们中有许多从未明确说出来。在这一点上，又提及了波兰尼（Michael Polanyi）的"隐知识"（tacit knowledge）（英文版第 35 页）。在三个对话录中，一直在不断质疑专家的地位，并探讨为什么普通公民有理由可以不同意他们。顺便说一下，两千多年以前，亚里士多德就在其《政治学》（Politics）中论证了这一点。

在第一对话录中（在其他两个对话录中也一样），一个最重要的主题是不让那些有更好认识的"专家"（experts）来告诉人们要做什么、相信什么，从而来保护人们，因为这些专家以真理、正义或其他大话的名义来行动。甚至科学家也需要这种保护，正如一个学生所指出的："人们不能用抽象的认识论规则来判断科学，除非这些规则是一种特殊的不断变化的认识论实践的结果。"（英文版第 40 页）其寓意是：科学实践由于各种各样的实践原因而发生变化，于是，它将影响认识论的实践。

此外，科学理论不是这样一种清晰可辨的实体：它指明什么种类的观察将证明它是假的。如果新一代科学家在有点不同的与境中使用它时，尽管偶尔会遇到反面证据，但只要他们发现它是有用的或有前途的，那么，它的意义就会发生变化。由于受逻辑学家影响，有些哲学家提供的科学图像确实太肤浅。

这个研讨班的讨论围绕着《泰阿泰德篇》，因此，交谈一再回到普罗塔哥拉和相对主义，这不足为奇。一个学生提出受到别人欢迎的一种相对主义：本性是不稳定的，当我们与它〔一种不确定的"实在"（reality）〕相互作用时，某些方法比其他方法取得更大成功，一些方法没有得到反应。这种方法"留下的灵活性，要比柏拉图或爱因斯坦所假定的多得多"（英文版第 44 页）。无论如何，纯逻辑讨论（绝大多数科学哲学家习惯于逻辑讨论）是幼稚的，也是无意义的。

在第二对话录中，一位批判理性主义者（critical rationalist）〔即一位波普尔学派的成员（Popperian）〕访谈费耶阿本德。费耶阿本德非常具有攻击性，特别是，在他否认自己是波普尔学派的成员，直至他称波普尔（Popper）为卖弄学问的人之后，更是如此。该对话录写于 1976 年，即费耶阿本德的主要著作《反对方法》出版后一年，也是一个过渡时期，过渡到他的下一本非常激进的书《自由社会中的科学》（Science in a Free Society）。它提出了后一本书的几个主题。可是，与第一对话录一样，它一直力图降低那些"专家"（experts）的威望，因为他们想把自己信奉的大话（诸如真理、诚实和正义）强加给整个社会。例如，康德（Kant）主张人类以信任为基础，因为任何谎言违背信任，所以，其伤害整个人类。但是，正如费耶阿本德所谈论的，在许多场合，仁慈（kindness）拒斥诚实，不会伤害任何人。确实，我们可能喜爱的任何一种德性，迟早必定要与另一种德性相冲突。

在医疗和教育中保存地方文化传统，不要随意强加西方传统（包括科学），这对于费耶阿本德来说，具有非常非常重要的意义。正如他所言："……下面这种盲目的假设是一种灾难：西方思想和技术本质上就是好的，因此，能被强加给他们，而毫不考虑当地的条件"（英文版第74页）。费耶阿本德主要考虑的就是医疗和教育。某人是否健康应由其传统来决定，而且"通过个人为自己形成的特定生活理想来决定"（英文版第75页）。为了支持这种观点，他举了西方医疗史上许多骇人听闻的失败例证，其中包括：抗生素发现之前的梅毒治疗，以及大约在1975年的几种癌症治疗（在某些方面，现在的情形变得更糟了）。此外，他还高度赞扬了传统医疗，特别是针灸和中医药。对于费耶阿本德而言，这不仅仅是华丽的言辞。自从战争中受枪伤以来，他遭受了糟糕的病痛折磨。在他生命的后期，西方医疗几乎没有给他提供多少帮助。当我是他的博士研究生时，我常常开车带他到旧金山的一家中医诊所看病。

费耶阿本德认为，一个好的教师不把他的观点强加给学生：他可以描述他的观点，但也要用质疑的方式介绍给学生。构建其心灵应当是学生自己的责任。教育的目的不应使学生成为老师的复制品。因此，幽默可以帮助学生认识到传递给他们的思想具有局限性。这与费耶阿本德下面的评论没有什么不同：一位有才华的剧作家诱使观众思考对他有吸引力的思想，但是，他也使观众有可能从不同角度思考那部戏剧的主题，从而避免把那些思想强加给观众。在这方面，他比知识分子中的那些专家所写的文章可以实现更多的目标。亚里士多德也这样认为，他说："悲剧不仅记述发生了什么，而且还说明其为什么必定发生，因此揭示了社会机制（social institution）的结构"（英文版第 97 页）。然而，柏拉图因诗歌激起情感而反对诗歌；但是，在亚里士多德看来，情感却具有正面功能："它们缓解妨碍清晰思考的紧张状态，帮助心灵记住由戏剧揭示的结构"（英文版第 97 页）。

因此，费耶阿本德为读者提供了在科学史、古代哲学、戏剧和许多其他学科之间的富有洞察力的联系和类比，从而向我们表明：玻尔（Bohr）和爱因斯坦并不像波普尔学派（Popperians）和其他科学哲学家想让我们相信的那样来实践科学。

他还继续揭穿了关于伽利略的许多神话。其中，一个神话是：亚里士多德学派（Aristotelians）拒绝相信他们用伽利略望远镜观察所得到的证据，否则，他们就会站到哥白尼那一边。但是，实际上，几乎没有人能看到伽利略所看到的东西，这部分是因为（正如亚里士多德所说明的）获得明确真实的感知，要具备两个条件：第一，对媒介没有干扰；第二，"只有在感觉适应物体的某些'正常'环境中，人们才能真实地感知事物"（英文版第 105 页）。在伽利略望远镜的情形中，违背了这两个条件：大气使图像变形；而且，当向太空观察时，我们失去了地面上帮助我们感知的那种提示环境。我应该还补充一个问题。当参观佛罗伦萨科学博物馆（Museum of Science in Florence）时，伽利略望远镜展览吸引了我。我注意到这些望远镜没有焦点！换句话说，伽利略望远镜是为伽利略的眼睛制造的。仅这一点就会使其他人看到伽利略自己声称看到的东西变得极其困难。

在第三对话录（写于 1989 年）中，费耶阿本德进一步阐述了前两个对话录的一些主题，尽管他还讨论了新的论点，涉及科学史和科学实践，例如，讨论了费曼（Richard Feynman）和超弦理论（String Theory）拥护者之间的争论。那位访谈者非常渴望确定费耶阿本德是否是一位相对主义者（relativist）。费耶阿本德说：在某种程度上，他是相对主义者，但他与某些形式的相对主义（relativism）有很大分歧，特别是与"不管人们说什么，他们所说的只有在'某一系统内'（within a certain system）才有效"（英文版第 151 页）这种观念分歧更大。好像一切意义都是固定的，人们不能学习新的生活形式。接着，他抨击了不可通约性（incommensurability）观念——持有冲突系统的人们之间无法进行交流，因为那些系统会给关键术语配置不同的意义——那位访谈者想把此观念挂在他的脖子上。但是，费耶阿本德把不可通约性仅仅看作相对于逻辑倾向的哲学家的一个问题，因为他们认为意义是严格固定的。对于科学家来说，他不认为这是一个问题，因为人们能看到玻尔和爱因斯坦具有绝对完美的交流能力，即使他们捍卫相互冲突的科学观点，也是如此。

阅读本书既富有挑战性，也会趣味盎然，读者对此应有心理准备。汤川秀树（Yukawa）喜欢"这种著作：它创造它自己的世界，在这个世界中……它成功地使读者沉醉"。费耶阿本德不仅对此表示赞成，而且发表评论认为"沉醉的读者呈现为不同的人，与其周围世界有不同的关系，并具有关于该世界的不同思想"（英文版第 139 页）。正如最终结果所证明的，他创作的《知识对话录》就是这种著作。

THREE DIALOGUES ON
KNOWLEDGE

目　录

第一对话录（1990年）

第一对话录

场景是一所著名大学的一个破旧小房间，里面有一张桌子和几把椅子，正在举办研讨班。向窗外看，能看见树木、鸟、停放的汽车和两台挖掘机，这两台挖掘机正在猛力挖掘一个大坑。各种不同角色的人物缓缓进入这个房间，其中有如下几位：阿诺德（*Arnold*），他是一个认真的学生，戴着眼镜，腋下夹着许多书，脸上透出鄙视的神情；莫林（*Maureen*），她是一位红发女士，有魅力，但显得有点困惑；莱斯利（*Leslie*），他是一个无业游民，或至少是一个看上去像无业游民的角色（可能是另一个学生），而且好像时刻准备开溜；唐纳德（*Donald*），他是一个无明显特征的人物，拿着笔记本和仔细削尖的铅笔；查尔斯（*Charles*），他是一位韩国学生，其眼镜反光，但还是能看到隐藏在镜片后那嘲弄的眼神；赛登伯格（*Seidenberg*），他是一位老绅士，操有浓重的中欧口音，在此场合下，他有点不自在；李峰（*Lee Feng*），他是一位中国学生，根据他放在桌子上的书的名称来判断，他的专业是物理或数学；盖塔诺（*Gaetano*），他年轻、腼腆，看起来像诗人；杰克（*Jack*），他是一位逻辑学家，带了一个大公文包，不拘小节，但其言谈却具有美国逻辑学家那种典型风格……科尔博士（*Dr. Cole*）走进来，他是该课程的教授，大约 32 岁，在狭窄的专业领域中非常聪明，刚刚在戴维森（*Donald Davidson*）指导下完成一篇关于怀疑论（scepticism）的论文，准备按照他自己对知识（knowledge）的理解来传授知识。

科尔博士（张嘴）。

（第一台挖掘机轰鸣。）

（第二台挖掘机轰鸣。）

莱斯利（评论和发笑；唐纳德好像已经懂得了，看上去发怒了）。

科尔博士（走出房间要处理挖掘机噪声问题）。

（两台挖掘机同时轰鸣。）

（十分钟后：科尔博士回来了，向着门口做手势，示意离开，其他人跟随着出来，而且都面带顺从的表情。）

莫林（在走廊里，向阿诺德走过去）：这是后现代（postmodern）烹饪课吗？

莱斯利（听见她这样说，大笑）：后现代烹饪？你没搞错，就是这课！

阿诺德：不是后现代烹饪课，而是认识论（epistemology）研讨班（seminar）。

莱斯利：二者有什么差别吗？就让她上这个课吧！

莫林：但是，我真的想……

科尔博士（手指另一个房间）：大家请，就在这里。

（现在，我们的房间很大，但没有窗户，有一张桌子和几把椅子，椅子非常新，可是坐上去很不舒服。）

科尔博士（坐在桌旁的主座位上）：耽误大家上课，还带来混乱，真对不起！现在，我们的认识论研讨课终于能开始了……

大卫（*David*）和**布鲁斯**（*Bruce*）（出现在门口）：这是哲学（philosophy）研讨班吗？

科尔博士（有点生气）：是其中之一，还有其他的……

大卫（看课表）：……我选的是认……认……

布鲁斯：认识论。

大卫：对，那就是我们想上的课。

科尔博士（比以前更生气了）：我希望你们知道自己要上什么课。请坐下！（他自己也坐下，打开公文包，拿出笔记和一份《泰阿泰德篇》。）好了！我想说的是，我认为最好集中讨论，而不是泛泛而谈，所以我建议我们今天讨论柏拉图（Plato，公元前 429—前 347）的《泰阿泰德篇》（*Theaetetus*）。

杰克：那难道没有过时吗？

科尔博士：你什么意思？

杰克：哎！（从他的公文包里拿出一份《泰阿泰德篇》）这家伙生活在两千多年以前，他不知道现代逻辑（modern logic）和现代科学（modern science），因此，关于知识（knowledge），我们能从他那儿学到什么呢？

布鲁斯：你认为，科学家确实知道知识是什么吗？

杰克：科学家不谈论知识，但创造知识。

布鲁斯：我不知道你内心如何看待科学，但在我的专业领域（社会学）中，关于"正确方法"（correct method）有持续不断的争论。一方面，有人告诉我们：没有统计数据，就没有任何知识。其他人说：你必须"熟悉"（get the feel）你正在研究的领域，因此，你仔细研究个案（individual case），几乎就像小说家一样来描写个案。有关《美国医学的社会变迁》（*The Social Transformation of American Medicine*）这本书，正好有一些流言蜚语：作者斯塔尔（Paul Starr）讨论了一些非常有趣的现象，他有证据，但没有定量；权威的社会学家（sociologist）拒绝认真对待他的研究，其他同样权威的社会学家为他辩护，并批判那种运用统计数据（statistics）的方式。在心理学（psychology）中，我们有行为主义者（behaviourist）、内省主义者（introspectionist）、神经学家（neurologist）、临床心理学家（clinical psychologists）……

杰克：嗯，社会科学（social sciences）……

布鲁斯：它们是科学（science），难道不对吗？

杰克：你们这些家伙获得过像牛顿理论那样简单、美丽和成功的成就吗？

大卫：当然没有！人比行星（planet）更复杂！嗨，你们那奇妙的自然科学（natural sciences）甚至不能处理天气（weather）……

阿瑟（Arthur）（一直在门口听讨论，此刻走进来，并对杰克说）：抱歉！我偶尔听到你的讨论，要不继续听也不可能。我是一位科学史家（historian of science）。我认为你关于牛顿（Newton，1642—1727）的想法有点简单。首先，你称之为"简单和美丽"（Simple and beautiful）的东西与你称之为"成功"（successful）的东西并不相同——至少，在牛顿那儿，是不相同的。"简单和美丽"——它们是他的基本原则。"成功"是他应用基本原则的方式。这儿，他使用一个新的假设集（其中，有这样的假设：上帝定期干预行星系统，以避免它崩溃），而这个假设（assumption）集内部是相当不一致的。牛顿推究哲理。关于研究过程的正确方式，他有许多原则（principle）。他制定研究原则，并非常坚定地坚持它们。麻烦的是，他一开始做研究，就违反这些原则。其他许多物理学家（physicist）也同样如此。在某种程度上，科学家（scientist）不知道他们自己在做什么……

杰克：是啊！当他们开始推究哲理时，就是这样。当进入这个困惑的领域时，他们自己也变得困惑起来，我能理解其中的缘由。

阿瑟：他们的困惑（confusion）没有影响他们的研究（research）吗？

杰克：嗯！如果他们的哲学使他们对其研究感到困惑，那么，这是又一个把哲学从科学中清除出去的理由。

阿瑟：你将如何把哲学从科学中清除出去？

杰克：尽可能接近观察（observation）！

阿瑟：实验（experiment）怎么样呢？

杰克：当然是观察和实验！

阿瑟：为什么要加上实验呢？

杰克：因为用裸眼观察并不总是可靠。

阿瑟：你怎么知道那个？

杰克：其他的观察告诉我。

阿瑟：一个观察告诉你不能信赖另一个观察，你的意思是这样吗？这是怎么回事？

杰克：你连这都不知道？哎——把一根棍子放入水中——它看起来弯曲了。但是，通过感触，你知道它是直的。

阿瑟：你怎么知道那个？直的感觉可能是错的。

杰克：棍子放到水里时，没有弯曲。

阿瑟：棍子没有弯曲吗？如果像你建议的那样去接受观察，那么，棍子就没有弯曲。看这里（拿起科尔博士面前的一杯水，并放入一支铅笔）！

杰克：当你触摸它时，你的感觉怎么样？

阿瑟：哎！说实话，我感到冷，但我不太有把握说我能判断铅笔的形状。但是，假定我能判断铅笔的形状——好吧！那么，根据你的建议（suggestion），在界定"铅笔"时，我能做的全部就是列一个清单：当铅笔放入水中，它看上去是弯曲的，而摸起来是直的；当我闭上眼睛时，铅笔是看不见的……

杰克：这是荒谬的——那支铅笔就存在于那儿！

阿瑟：是的！你想谈论的是这样的东西：即使没有人看它，它也具有稳定的性质——你能这样做，但你必须超越观察。

杰克：对！我同意。但这是简单的常识（commonsense），与哲学没有关系。

阿瑟：可是，这与哲学有关系！哲学中的许多争论（包括摆在我们面前的这篇对话中的争论）恰好与这个问题有关系！

杰克：好吧！如果那是哲学，那么，你能有那样的哲学。对于我而言，"物体（object）不仅是观察的清单，而且是具有自身性质（property）的实体（entity）"这样的假设只是常识——并且，科学家接受常识。

阿瑟：但科学家不接受常识，至少没有接受这种常识！海森堡（Heisenberg，1901—1976）在他早期的一篇论文中说：我们所具有的是光谱线及其频率和强度——因此，让我们找到一种组合模式（schematism）来告诉我们这些东西如何组合到一起，而没有假定任何基础的"物体"（object）。于是，他引入矩阵（matrices），矩阵是清单（list），尽管矩阵是有点复杂的清单。

杰克：是的——所以，我想说科学家接受常识——除非经验告诉他们不同的东西。仍然不需要哲学。

阿瑟：事情没有那么简单！你说"经验"（experience）——你意指的是复杂的实验结果。

杰克：对。

阿瑟：复杂的实验经常充满错误，特别是，当我们进入新的研究领域时，更是如此。实践错误——设备的某一零件没有像它应当的那样工作；理论错误——忽视或错误计算了某些结果。

杰克：我们使用计算机（computer）。

阿瑟：你仍然不会万无一失。编制计算机程序要做近似，这些可以积累，从而以某种方式来歪曲结果（result）。无论如何——有许多问题。只要想想许多人努力找到磁单极子（single magnetic pole）或独立夸克

（quark）的情况：一些人找到了它们，另一些人没有找到它们，还有一些人找到介于二者之间的东西……

杰克：那与哲学有什么关系呢？

阿瑟：我马上告诉你！做这样的假设"在一个新领域中，所有的实验将立刻给出相同的结果"，这是不明智的——你至少对此没有异议吧？

杰克（有疑虑的样子）：是？是？是啊？

阿瑟：正因为那种现象（phenomenon），所以，好的理论（卓越的理论）可以处于危险之中。我用"好的"（good）理论（theory）意指与所有完美实验相符的理论。消除那些实验错误有时需要几年（甚至几个世纪）的时间，因此，我们需要用一种方式来使理论存活下来，尽管事实上理论与证据（evidence）相冲突。

杰克：需要几个世纪？

阿瑟：的确如此！想想原子理论（atomic theory）！很久以前，德谟克利特（Democritus，公元前 460—前 370）就提出了原子论。然而，此后该理论却常常受到批判，而且考虑到当时的知识状况，批判的理由是充足的。直到 19 世纪末，一些欧洲大陆物理学家还把它看作老怪物（monster），在科学中毫无地位。然而，它存活下来了，这很好，因为原子论思想常常对科学有卓越贡献。或者，再看看地球运动的思想！它在远古时期就存在了，并受到亚里士多德（Aristotle，公元前 384—前 322）严厉批判，而且批判得也非常合理。但是，它在人们的记忆中保存下来，这对于哥白尼使其复活并最终走向胜利非常重要。因此，使被反驳的理论存活下来，这是有益的！不要由经验和实验单独来指引，这也是有益的！

杰克：那么，什么将指引我们？是信仰（faith）吗？

阿瑟：不是——我们是科学家，所以，我们将设法使用论证（argument）。而且，我们所需的论证将重视观察，但不把观察当作最终的权威

（authority）。观察将假定这样的一个世界：该世界独立于可获得的观察告诉我们的东西，可是它却支持一个特定的被反驳的观点。

杰克： 但这是形而上学（metaphysics）！

阿瑟： 的确如此！你有一个选择——如果想要富有成效地研究科学，那么，你或者能依赖信仰，或者能依赖理性（reason）。如果你依赖理性，那么，你将不得不成为一个形而上学家（metaphysician）（把形而上学定义为这样的一个学科：它不是以观察为基础，而是独立于观察看上去告诉你的东西来分析研究事物）。总而言之——好的科学需要形而上学论证来促使其前进，它今天也不是没有这种哲学维度（dimension）……

杰克： 好吧，我将不得不思考一下那个问题！无论如何——这种哲学将会与研究密切联系起来——但是，我们今天在这里要讨论柏拉图的什么著作？（指向那本书）——要讨论一篇对话，该对话几乎是一个肥皂剧，里面有大量的聊天闲谈，翻来覆去……

盖塔诺： 柏拉图是诗人（poet）……

杰克： 好了！如果他是诗人，那就证明了我的观点：这必定不是我们需要的那种哲学！

阿诺德（对盖塔诺说）：我认为你不能说柏拉图是诗人！关于诗歌（poetry），他说过一些非常刺耳的话。事实上，他说过"哲学与诗歌之间的长期战斗"，而且自己坚决站在哲学家（philosopher）这边。

杰克（对上面的反驳进行回击）：事情比我想得更糟！他不喜欢诗歌，也不知道如何写出得体的散文（essay），因此，他就陷入诗歌的一种单调乏味的形式中……

阿诺德： 停！停！让我说明一下！柏拉图反对诗歌，但他也反对你可以称之为科学散文的东西，他非常明确地说到这一点……

莫林： 是在这篇对话（dialogue）的这个地方吗？

阿诺德： 不是！而是在另一篇对话《斐德罗篇》（*Phaedrus*）中。他的意思是：在很大程度上，科学散文是一种欺骗（fraud）。

布鲁斯：难道没有以"科学论文（scientific paper）是一种欺骗吗？"为标题的论文吗？

阿瑟：你说对了，有这样的论文，作者是梅达沃（Medawar，1915—1987），他是一位诺贝尔奖获得者（Nobel Prize Winner）——但我不记得这篇论文发表在什么地方了。

阿诺德：无论如何——令柏拉图担忧的是：一篇论文给出了结果，或许也有一些论证；但是，当你提出问题时，它却一再重复同样的东西。

阿瑟：唉！书面对话（written dialogue）也一再重复同样的东西，唯一的差别是：这里的信息（message）不是由一个人讲述的，而是由许多人讲述的。然而，一篇科学论文的麻烦之处在于它告诉你神话般的谎言。当库恩（Tom Kuhn，1922—1996）访谈那些参加量子革命（quantum revolution）的仍然在世的科学家时，他们首先重复已经出版的东西。但是，库恩做了充分的准备。他阅读了信件（letter）、非正式的报告（informal report），所有这些都说了非常不同的东西。他提到了这个问题，人们慢慢记起了真正发生过的事情。牛顿也符合这个模式（pattern）。毕竟，做研究意味着与高度异质的材料相互作用……

杰克：有标准的实验设备（experimental equipment）。

阿瑟：关于实验室（laboratory）和天文台（observatory）中所发生的事情，你们逻辑学家（logician）知道得多么少啊！对于标准化的修补工作来说，标准设备（standard equipment）是可行的；但对于研究来说，标准设备就不可行，因为研究力图要把原有的界限推得更远一些。在这种情况下，或者，你用非标准化的方式来使用你的标准设备；或者，你必须发明全新的东西，但你却不熟悉这新东西所产生的副作用（side effect），因此，你不得不如同熟悉一个人那样来熟悉你的仪器（apparatus）；等等——所有这些都没有进入传统的出版物中。但是，在学术会议（conference）、研讨班和小型会议上，却讨论这个问题。这种讨论（在这种讨论中，经过不断争论，一个确定的论题变得模糊不清）是科学知识的绝对必要的组成部分，特别是在事情飞速变化的情况下，更是如此。一位数学家（mathematician），或一位高能物理学家（high energy physicist），或一位分子生物学家（molecular biologist）如果仅知道最新的论文，那么，他不仅落伍几个月，而且他甚至不能完全理解这些论文，从而可能也就放弃了。我也已经读过《斐德罗篇》，在我看来，这恰好是柏拉图想要的东西；他想要的是一种他所称的"现场交流"（live exchange）；知识正是由这种交流确定的，而不是由其某一个"流线型截面"（streamlined cross-section）来确定的。当然，他使用对话，而没有使用科学散文，纵然科学散文在他的时代已经存在，并得到了很好的发展。虽然如此，但包含知识的并不是对话，而是争论（debate）；对话由争论引起，当阅读对话时，参加对话的人会想起争论。我想说的是：至少在这方面，柏拉图是非常现代的！

唐纳德（用悲伤的语调说）：难道我们现在还不能开始关于柏拉图的课程吗？我们有文本（text）——所有关于科学的这种谈论对我来说都太难；此外，它也不适合认识论研讨班。在认识论研讨班上，我们必须定义知识是什么……

莫林：我也感到困惑，这是关于……的课程吗？

莱斯利：……后现代烹饪？当然，这是后现代烹饪课！你是对的。但我想听更多一些关于柏拉图的东西。我刚刚看了最后一页（他已从唐纳德那儿拿了一份对话，指着一页）——我发现这是非常奇怪的。当一切完事后，苏格拉底（Socrates，公元前469—前399）离开受审现场，难道他没有被处死吗？

科尔博士：好了，我认为我们应该从头开始。

赛登伯格：我可以说点事吗？

科尔博士（绝望地看着天花板）。

赛登伯格：不要这样！我认为它重要。首先，这位先生（指着莱斯利）对哲学不是很感兴趣……

莱斯利：你能重复一下你说的……

赛登伯格：不能重复，不能，但你确实是这样。瞧！你翻到最后一页，突然变得来兴趣了。

莱斯利：哎，这是有点怪诞……

赛登伯格：一点也不怪诞！苏格拉底被指控对神不敬，不得不面对代表大会审判。被判处死刑是可能的结果。在另一篇对话《斐多篇》（*Phaedo*）中，他已被判处死刑，而且被要求在日落时喝下毒药，他这样做了，死了，就在那篇对话的结尾处。

莫林（不怎么困惑了，兴趣大增）：苏格拉底知道自己将要死去，却还在谈论哲学，你的意思是这样吗？

莱斯利：怪诞！一位教授（professor）虽然知道行刑者就在他的教室外等候，要处死他，但他却一直在谈论哲学。所有这些怎么能组合搭配到一起呢？

赛登伯格（很激动）：不仅如此，而且在科尔教授想与我们一起阅读的这篇对话中，有两个主角泰阿泰德（Theaetetus）和特奥多鲁（Theodorus），他们是两个历史人物，都是杰出的数学家。在这篇对话的导论中是这样说的：泰阿泰德已在战争中严重受伤，不久后死于痢疾。在某种程度上，这篇对话是为纪念他而写，纪念这位伟大的勇士数学家。这些事情非常有趣。首先，它是一篇对话，这是事实；在悦耳交谈的表面意义上，它与诗歌没有关系；它源自一种特殊的知识观念（conception）——正如阿瑟所说，这种知识观念今天没有在（向杰克瞟了一眼）"落后的学科"（Backward Subjects）中普遍流行，而是在最受尊敬和最快速发展的学科（如数学和高能物理）中普遍流行。其次，正如有人可能所称呼的，有一种"生存维度"（existential dimension）——那种把完整对话嵌入现实生活中极端情形的方式。我感到这与大多数现代哲学差别很大，在现代哲学中，你仅仅分析概念（concept）的逻辑性质，而且认为那就是有关它们所能说的一切。

大卫（支吾其词）：我已经读了这篇对话，因为我想为这个课程做准备。我也对这个结尾感到奇怪。但我没有看出它对我们的争论有任何影响。我们的争论听起来非常像一个我刚刚参加的哲学课的情况，在那个课上，有人说知识是经验……

科尔博士：感知（perception）……

大卫：……嗯，知识是感知，别人也有反例，等等。确实，这篇对话有点啰唆——但人们在其中没有注意到关于死刑的任何事。在结尾处，苏格拉底突然说他必须去法庭（court）。他可能也说过他饿了，想吃饭。无论如何，这看起来只是为了做样子而添加上去的，它没有给概念赋予任何生存维度……

赛登伯格：但是，在《斐多篇》……

查尔斯：我看到它在这里（举着一本书）——我认为它甚至更糟。它如何开始呢？有苏格拉底及其崇拜者，还有他的妻子，她"怀里抱着他的小儿子"（读书中的原话）。她在哭泣。她说："苏格拉底，现在，你的朋友最后一次跟你谈话"〔至少根据主要讲话者斐多（Phaedo）的讲述是如此，他的讲述有点轻蔑〕。"妇女在这种场合倾向于说的所有话，她都说了"——这就是他如何谈论她。苏格拉底做了什么呢？他请他的朋友把她送回家，以便他能谈论更高级的东西。我想说这非常冷酷无情。

莫林：但他马上就要死了！

查尔斯：任何人只是因为他将要死去，所以，他就应当受到重视，而且还应该允许他像坏蛋一样来做事，为什么这样呢？

布鲁斯：这是他自己的过错！

莫林：你什么意思？

布鲁斯：代表大会（general assembly）已判定他有罪，但给他一个机会为他自己辩护，建议他在代表大会上做一个演讲，难道不是这样吗？他嘲弄他们——宣读了《申辩篇》（*Apology*）！然后，他们中甚至有更多的人同意判定他有罪。他几乎不考虑他的妻子和儿子，同样，他也几乎不考虑代表大会。

莫林： 但他为自己的信仰献身，而且没有屈服。

查尔斯： 在对纳粹（Nazi）的审判中，戈林（Goering，1893—1946）也没有屈服。他说："权力（power）决定一切——而且，当我们掌握权力时，我们过得愉快。"然后，他就像苏格拉底一样，自杀了。

赛登伯格： 我认为你不应该用这种方式来比较这两个人。

莱斯利： 为什么不呢？他们两个都是人类的成员！查尔斯说得很对。为你的信仰（conviction）献身并不会自动使你成为一个圣徒（saint）。看！他说的在这儿——我刚找到这页。在空白处有数字"173"，这是什么意思……

科尔博士（想要说话）。

阿诺德（说得更快）：那是学者们通常参考的标准版（standard edition）的页码……

莱斯利： 怪诞！

阿诺德： 不怪诞，非常实用。有许多版本、译本，等等，相互之间都不相同。对于你偶然得到却没人知道的不出名的译本，你不用提及它，只要标出这种标准版的页码就行了……

莱斯利： ……无论如何，他看起来在这儿说的是：在普通公民（common citizen）和哲学家之间有差异。现在，我喜欢他关于哲学家所说的话——"他随意从一个话题跳到另一个话题，从第二个话题转换到第三个话题"——这是我们一直在谈论的方式，也是我为什么仍待在这儿的原因。但是，他接着说"律师"（lawyer）总是匆匆忙忙，因为在法庭上有时间限制。他嘲笑律师总是匆匆忙忙，并且说："他的生活经常是比赛。"嗯，我的看法是：他不仅意指律师，而且也意指普通公民。他们与柏拉图不一样，没有许多钱，但不得不养家糊口。为解决简单问题而花费一生的思考方式对他们没有用——他们很快就会饿肚子。他们必须用不同方式来思考。苏格拉底没有同情他们的窘境，也没有评价他们找到的解决办法，而是像他在代表大会上所做的那样，嘲弄他们，蔑视他们。

科尔博士：唉！这是柏拉图，不是苏格拉底……

莱斯利（有点生气）：柏拉图，苏格拉底，我毫不在乎！有一种哲学思想及其"生存维度"（existential dimension）就出现在这篇对话的这个地方，它意指人们为了自己及家人生存而进行的思考和行动应受到鄙视。

盖塔诺：我认为你有点问题（从他的书包里拉出一本书）——我这儿有《斐多篇》的德文译本，葛恭（Olof Gigon，1912—1998）写了导论，他是杰出的古典学者。对苏格拉底撵走他的妻子和小儿子，他有过评论。他说了什么呢？他说："他的妻子和小儿子二位代表了简朴而缺乏哲理的那些人的世界，这个世界值得尊敬，但当哲学出场时，这个世界必须退场。""必须退场"——这意味着：当一个哲学家（可能也是一个丈夫）开口说话时，缺乏哲学教养的普通人就无关紧要了。

莫林：那么，所有这种关于死亡（death）的谈论都只是在吹牛吗？

盖塔诺：不对，我认为不是这样。柏拉图把他认为是正确的知识与一种新的死亡构想联系在一起，他这样做，真正想做的是要戏剧化这种正确的知识。好了！至少，他比你们科学家（对着杰克）具有更宽广的视野……

查尔斯：每个法西斯分子都有你所谓的"更宽广的视野"（wider horizon），因为对于法西斯分子来说，科学只是"更大整体的组成部分"（part of a larger whole），或者是人们就此而论所说的任何东西……

赛登伯格（支吾其词）：对于你一直谈论柏拉图的方式，我有点担忧。敬重学术（learning）在今天是过时了，我知道这个，我能明白这一点；

而且，学术还经常被滥用。不过，我仍然认为你们这些先生有点太过分。对于我这一代人而言，知识和启蒙（enlightenment）是严肃的事情。每个人都知道有学者，每个人都尊敬他们（包括穷人）。对我们来说，我们的知识分子（intellectual）、我们的哲学家、我们的诗人是启迪我们的人，他们向我们表明：在这个世界上，除了我们不幸的生活外，还有别的事情。你们知道，我出生于一个非常贫穷的家庭，来自你们一直在谈论的"普通人"（common people）。但是，我认为你们并不真正了解他们，至少，你们不了解我的祖国的穷人。我的父母说："儿子，你应该拥有我们不能拥有的东西，你应该受教育（education）。你应该能阅读我们只能从远处眺望的那些书；我们即使把它们抱在手里，也无法理解它们。"因此，他们工作，不断工作，倾其一生，以便我可以受教育。我也工作，当一个装订图书的学徒工。一天，我手中有十四卷版本的柏拉图作品集——有点破旧，让我准备新的封面。你们无法想象我的感觉。它如同期望中的乐土——但却有如此多的障碍。无疑，我之前无法购买并保存这些书。即使假定我已经购买了它们，我会理解它们吗？我打开其中的一卷，发现苏格拉底所讲的一段话。我已不记得他说了什么，但还记得当时的感觉，好像他正在对我谈话，而且谈话的方式亲切、和蔼，但有点嘲弄的味道。然后，纳粹来了。已经有一些学生赞成纳粹主义（Nazism）。对不起！先生们，我这样说：他们的谈论跟你们的非常相像——用轻蔑的语调。他们说：这是新时代（new times），所以让我们统统忘记所有这些古代作者吧！柏拉图经常避开平凡的事物，而且有时还嘲弄它们，我同意这一点。但是，对一部分人，我认为他还是没有嘲弄他们；他嘲弄智者学派（sophist），因为他们武断地说这就是存在的一切。由于普通人自己（至少，我认识的普通人）不是如此，他们希望有更美好的生活，这样做，如果不是为了他们自己，那么至少也是为了他们的孩子。你们知道，关于柏拉图对话的日期，有一件有趣的事。苏格拉底死后，柏拉图所写的第一部分对话与他的死亡没有关系。这部分对话是喜剧，如《尤息德谟篇》（*Euthydemus*）和《伊安篇》（*Ion*），其中充满了风趣和嘲弄。《申辩篇》《斐多篇》《泰阿泰德篇》是后来写的，可能是在柏拉图消化了毕达哥拉斯（Pythagorean）的来世学说以后。这样，死亡现在呈现了一个不同的方面——死亡是开始，不是结束。正如你们所说，苏格拉底（真实的苏格拉底）一点也没有轻信民主制（democracy），这是真的。他看到民主制有问题。据记述，他嘲弄民主作为一种制度，在这种制度下，当有足够多的人投票赞成时，一头驴会成为一匹马。唉，这难道不是我们今天面临的问题吗？当我们讨论科学在社会（特别是，在民主社会）中所起的作用时，难道没有面临这样的问题吗？不是所有的事都能通过投票来决定——但是，界线在何处？谁来划定界线呢？对于柏拉图而言，答案是清楚的：研究那些事情的人，有才智的聪明人，他们来划定界线！我的父母和我的想法也完全与此相同。当然，柏拉图有钱，还有更多时间——但没有以此来反对他！他没有像其阶层的其他人那样把自己的钱浪费在阴谋诡计、赛马和政治权术上。他热爱苏格拉底，尽管他是贫穷的、丑陋的和粗野的。他写成关于苏格拉底的著作，不仅公开对他表示敬意，而且为更美好的生活奠定基础，特别是，其所运用的方式很大程度上就是现代和平运动为争取更美好的生活而运用的方式。请大家记住——这是伯罗奔尼撒战争（Peloponnesian war）时期，到处是政治谋杀；民主制被推翻，又被恢复，再被密谋反对。因此，我想说的是：我们应该感激这些人，而不是嘲弄他们……

李峰：先生，我理解您想要说的，我也有同感，不仅因为我认为一个共同体或一个民族（nation）需要有才智的聪明人，而且因为我认为对任何事物都毫无敬畏的生活是肤浅的生活。但是，当这种敬畏没有用一些健康的怀疑论来平衡时，我看到了问题。我认为我国最近的历史就是一个很好的例证……

盖塔诺：但也有别的例证，它们更能击中要害得多；与你（指向李峰）正在谈论的相比，它们可能相当没有价值，但我认为它们是莱斯利和查尔斯为什么有如此强烈反应的理由。这里的一些教授和一些研究生谈论其行业中的重要人物，好像他们是神；但这些重要人物如果不引用尼采（Nietzsche，1844—1900），或海德格尔（Heidegger，1889—1976），或德里达（Derrida，1930—2004），连一行字也写不出来；他们的全部人生好像就在于在几个偶像之间跳来跳去。先生，您（指向赛登伯格）生活的时代和共同体（community）很可能是这样的，在其中，人们与有才智的聪明人及其所说的东西存在个人关系。我认为今天不存在这种个人关系，但有许多压力要去适应。首要的是，我们用程式化的空话取代了柏拉图想要的活生生的话语（discourse）。这是一种可怕的现象——莱斯利和查尔斯在古代作者那儿看到相似（或者，表面上相似）的东西时，他们发怒了，这不太出奇。然后，还有别的东西——看待人们的民主方式——雅典人好像用这种方式来看待苏格拉底。他们好像这样说："是的，这个苏格拉底——我们知道他，他有点傻，没做什么好事，只是整天晃荡，搅扰人们——但是，他实际上不是一个坏家伙，偶尔也说一些非常明智的东西。"在阿里斯托芬（Aristophanes，公元前 450—前 385）的《云》（Clouds）中，当人们看到苏格拉底登上舞台时，就嘲笑他——苏格拉底好像与人们一起发笑。尊敬与怀疑论混合在一起，偶尔也与嘲笑混合在一起。我们甚至能更进一步说，如果我们能信任赫拉克利特（Heraclitus，约公元前 535—前 475），那么，以弗所（Ephesus）人说过诸如此类的话：我们中间的任何最优秀的人，我们都不想要——让这种人到别处去，与其他人一起生活。我认为这种态度具有重要意义。这并不意味着将要把所有具有特殊知识的人都撵走——仅仅撵走那些因具有特殊知识而想要特殊对待的人！无论如何，嘲弄比谋杀好过一千倍，或者，它也比极端严重的批判好过无数倍，因为那种批判通过赋予被批判者重要性来抬高批判者的身价——显然，你不能通过抨击傻子而变得伟大起来。我觉得这就是为什么会出现下面这种现象的真实理由：没有才能的作者老是想着其他没有才能的作者，并坚持认为他们值得被认真对待。

科尔博士：我认为我们已经离题万里了。此外，你们不能离开语境（context），仅根据几行字来判断一个作者。因此，我们开始用更连贯的方式来阅读这篇对话，然后决定其优劣，这样做，难道不行吗？关于知识，柏拉图有一些非常有趣的东西要说——例如，关于相对主义（relativism）。无疑，你们已经听说过相对主义。

查尔斯：您意指费耶阿本德（Feyerabend）吗？

科尔博士（震惊的样子）：不是，绝对不是。但是，有能干的人，他们认为他们论证证明了这样的观点：你说的任何东西及为它们提供的任何理由依赖于一种"文化与境"（cultural context），即依赖于你的生活方式。

李峰：这意味着科学定律（scientific law）不是普遍真实的吗？

科尔博士：是的！如果你属于西方文明（civilization），科学定律是正确的；相对于由这种文明发展的规程和标准而言，它们是正确的——但是，在不同文化（culture）中，它们不仅不真实，而且没有意义。

杰克：因为人们不理解它们。

科尔博士：不是这样，不仅因为他们不理解它们，而且因为他们评价什么有意义和什么没有意义的标准不同。给他们开普勒定律（Kepler's laws），他们不仅说："它有什么意义吗？"——他们还说："这是胡扯。"

布鲁斯：有任何人问他们吗？

科尔博士：我不知道——但这没有关系，相对主义者（relativist）在此提出一个逻辑论点。

杰克：您的意思是：当把牛顿理论（Newton's theory）介绍给阿法尔人（Afar）时，他们不说"这是胡说"，而是说："根据蕴含在由阿法尔人发展的思想系统中的标准来判断，牛顿理论是胡说。"

科尔博士：是的。

杰克：有谁去假定阿法尔人（就那件事而言，或者，任何文化）有一种能被用来做这种判断的"思想系统"（system of thought）呢？

科尔博士：当然。

杰克：但是，是否有人去做这种假定呢？这难道不是一个经验问题吗？谁已经研究了这个经验问题？

科尔博士：语言学家（linguist）和社会学家（sociologist）。

杰克：好了，如果牛顿理论对于一种文化（或在一个时期）是胡说，那么，这种文化的人们怎么能学习它呢？它自身怎么又会成立呢？

布鲁斯：有革命（revolution）——你没读过库恩（Kuhn）的书吗？不同思维方式之间的转换将使标准（standard）、基本原理（basic principle）等许多东西发生革命性巨变。

杰克：嗯，那只是说说而已！我对库恩不是很了解，但是我想知道这种革命如何进行。在革命期间，人们难道不进行论证吗？

布鲁斯：人们进行论证。

杰克：那些论证有意义吗？

科尔博士：在某种程度上，它们没有意义。

查尔斯（轻蔑的样子）：用"在某种程度上"（in a way），您意味着根据这样的观点：仅仅相对于一个系统来说，论证是有意义的。

科尔博士：是的。

查尔斯：但杰克已经质疑了这种观点（view），所以您不能用它来回答杰克提出的那个问题（即转换论证有意义吗？）。您必须用不同方式来找到答案。

科尔博士：怎么找到答案？

查尔斯：例如，通过分析人们对这种论证有什么样的反应。

科尔博士：历史教给我们的一个东西就是新团体（group）形成，旧团体消失……

查尔斯： 这证明转换论证（transitional argument）没有力量，您要说的意思是这样吗？

科尔博士： 它不再是论证的问题，而是转换（conversion）的问题。新团体形成，它们有新的标准。

查尔斯： 不要这么快！首先，您的事实不正确。例如，许多亚里士多德学派的人，当他们阅读了哥白尼或伽利略的著作，或者听到伽利略的谈话时，他们就变成哥白尼学派了。当然，有一些新团体，但这些团体用它们仍然保留的规程（procedures）从其旧信仰中论证出其新方式，不存在一种彻底的"系统"（system）变化。其次，假定它是一个转换问题——将把这些人转换成什么？或者，那个系统已经存在，那么，我们无法转换；或者，它没有存在，那么，转换无从谈起。不，事情不能如此简单。我想说的是，转换论证确实有意义，但不是对全部人都有意义，因为不存在对每个人都有意义的论证。转换论证对一些人有意义，这意味着下面的观点必定是错误的：存在"系统"（system），而且它们单独给所说的东西赋予意义（meaning）。

杰克： 那正是我想要说的。论证的效力依赖于标准，而且革命改变这些。因此，看起来好像就是：革命不能以论证为基础，或者，论证的效力不依赖于"思想系统"（system of thought）——如果是后者，那么，相对主义就是假的。从另一角度看，如果相对主义是真的，那么，我们将永远陷在一个系统，直到奇迹给我们另一个系统为止，然后，我们又陷在那另一个系统。多么奇怪的观点！

唐纳德： 柏拉图讨论这种观点了吗？

科尔博士： 他讨论了西方历史上最早的相对主义者之一普罗塔哥拉（Protagoras，公元前480—前410）。

布鲁斯： 嗯，自从那时以来，相对主义难道没有进步吗？

科尔博士：既有进步，又没有进步。基本观点仍然非常类似于普罗塔哥拉的，但现在有许多保护手段使那个问题看起来比实际情形更加复杂。

布鲁斯：您的意思是——普鲁塔哥拉说的与现代相对主义者说的相同，但他用更简单的方式来说。

科尔博士：你可以那样说。但是，让我们现在最终从这篇对话开始吧！

李峰：请问，从哪儿？

科尔博士：这儿，在 146 页……苏格拉底请泰阿泰德（Theaetetus）定义知识。

阿瑟：我发现这是荒谬的。

杰克：您什么意思？

阿瑟：力图定义知识。

杰克：在科学中和在别处，这是标准程序。你的表达很冗长，那不方便，所以，你决定引入缩减和语句，而且用语句来说明什么缩减了那些被定义的东西。

阿瑟：但是，这里的情形与你描述的正好相反！知识已经存在，有艺术和手工艺，有各种行业。特奥多鲁（Theodorus）和泰阿泰德具有大量的数学知识，现在要泰阿泰德用一个简短的公式来描述这个不易操作的巨型组合。它不是缩减一个长公式的事，而是要为组成一个多色方格组合的（而且）不断变化的元素来发现共同性质。

杰克：好了，我们必须在某处划一条界线，特别是，今天必须与周围那些想复活占星术（astrology）、巫术（witchcraft）和魔法（magic）的人划清界限。一些东西是知识，另一些不是——您同意这个观点吗？

阿瑟：当然。但是，我不相信你能利用一个简单的公式（formula）一劳永逸地划出那条界线。我甚至认为你不能像交通规则那样来划出它。作为非常复杂的历史过程的组成部分，界线出现、隐现、又消失了……

杰克：但事情并非如此。哲学家经常划界，而且定义知识……

阿瑟：……谁使用他们的定义呢？瞧！牛顿在捍卫其光学（optics）研究时，划了一条界线，但马上越过了那条界线。研究复杂得多，而不能接受简单的界线。泰阿泰德知道这个！苏格拉底问道："什么是知识？"泰阿泰德回答说……

唐纳德：在哪儿？

阿瑟：在 146 页中部的某处。好了，他答道：知识是"我从特奥多鲁那儿学得的所有学科——几何学和你刚提到的那些学科"——他在谈论天文学（astronomy）和声学（harmony）与算术（arithmetic）。他继续说："我想把鞋匠和其他手艺人的技艺包括在内，这些都是知识。"这是一个绝对完美的回答：知识是一个复杂的东西，它在不同领域是不同的，因此，对"什么是知识？"这一问题的最佳答案是列举一个清单。我自己想添加细节，并提到每个学科内存在的各种学派（school）。无论如何，"能用简单公式准确表示知识和（就此而论）科学"，这种思想是妄想（chimaera）。

阿诺德：它不是妄想，而是现实可行的。例如，一种有关知识的刻画是：知识是能被批判的东西。

布鲁斯：但是，万物都能被批判，不仅是知识能被批判。

阿诺德：好吧，我必须更具体些！一个关于知识的断言（claim）存在，仅当作这个断言的人预先能说出：在什么条件下，他将取消这个断言。

莱斯利：那不是"知识"的定义（definition），而是"关于知识的断言"的定义。

阿瑟：我不反对，相反，我现在能更加清楚地说明我的异议：根据你的"关于知识的断言"的定义，绝大多数科学理论不是这种断言，因为对于一个复杂的理论，科学家很少预先知道什么特定条件将使他们放弃它。理论通常包含人们甚至没有意识到的隐含假设。新发展使这些假设暴露出来——于是，批判开始了。

李峰：您有例证（example）吗？

布鲁斯：有——仅仅随着狭义相对论的出现，人们才认识到无限的信号传播速度假设（assumption）。按照你的定义，你应该在 1690 年说出牛顿理论在 1919 年将会发生什么——这是荒谬的。要求定义"知识"（knowledge），这同样是荒谬的。新学科不断产生，旧学科不断变化，这意味着两个方面：一方面，这种定义是非常长久的，具有许多限制；另一方面，它易于变化。

阿诺德：但是，你必须有一个标准（criterion）来区分假学科（subject）和真学科，而且在规定这个标准时，必须不依赖于存在什么学科——否则，你怎么能用客观的方式来判定它们呢？

阿瑟："用客观方式"（objective way）——这只是说说而已。诸如定义知识的标准之类的关键问题必须被细致考察分析，难道你不这样认为吗？如果它们被考察分析了，那么我们研究了标准，而且标准还将指导研究自身——你简直无法使自己置身于知识和研究之外。此外，假定你有一个标准，这不够；你还想要符合这个标准的东西——否则，你的标准是空的。今天，几乎无人花费许多时间来发现"独角兽"（unicorn）的正确定义。

阿诺德：我非常愿意承认我的标准可能把"一切都是欺骗"揭穿了……

布鲁斯：好吧！你将继续使用这些欺骗中的一部分，并把它们与其他的欺骗区分开来，难道不是这样吗？例如，你将继续更信任一些医生，而不怎么信任其他医生，难道不是这样吗？或者，你信任预测了一次日食的一个天文学家（astronomer），但不信任预测了一次地震的一个占星家（astrologist），难道不是这样吗？如果你是这样，那么，你的标准本身就是一种欺骗就被揭穿了；如果你不是这样，那么，你马上就会完蛋。

大卫：但是，为法律目的需要一些定义。例如，法律规定教会和政府分离，并要求公立学校教授科学，但不能教授宗教观点。不是有这样一个案例吗？信奉正统派基督教的人（fundamentalist）试图把他们的一些思想引入小学教育中，并把这些思想称为科学理论。

阿瑟：是的，在阿肯色州（Arkansas）。专家作证了，给了一些简单的定义，那个事就那样解决了。

查尔斯：唉！那仅仅说明了法律实践需要改善。

唐纳德：我们不能回到这篇对话吗？您说列清单是可行的。但苏格拉底反对！

阿瑟：他的反对是什么？

莫林：他想要一个东西而不是许多东西。

布鲁斯：那是我们刚才一直在谈论的内容——他不能提出他的定义，而且在某种程度上，他也不能提出主题。

莫林：但有"知识"这个词，那么，它不是一个东西吗？

阿诺德："Circle"（圆、圆圈、环绕、循环、圈子、团体）是一个词，但有几何学的圆；朋友圈中的人们不必坐成几何学的圆圈；循环推理，即假定了被证明的东西，但没有在几何学圆周上运动……

莫林：唉，那不一样！有一种真正的"Circle"（圆），其他的都是你所称呼的……

盖塔诺：隐喻（metaphor）？

李峰：类比（analogy）？

莱斯利：这没有关系——一个词，许多意义，许多东西。苏格拉底假定这种事情从不会发生……

盖塔诺：此外，在此问题前面的那个段落中……

莱斯利：哪儿？

盖塔诺：接近145页的结尾处——但是，你在英文版中找不到，必须查阅希腊文版——他已经使用了三个不同的词：episteme（和相应的动词），sophia（和同一词根的两个其他形式），以及manthanein。

莱斯利（轻轻嘲弄赛登伯格）：您的伟大而智慧的柏拉图！

李峰：但是，泰阿泰德自己建议可以把知识如何统一起来。确实，苏格拉底说的内容不仅独断，而且也不一致。好了，泰阿泰德设法搞清它的意思，而且他的方式相当有趣。为了为其建议做准备，他描述了他及其朋友不久前所做的一个数学发现。

唐纳德：我试图理解那段，但我完全不知道它在说什么。

李峰：可是，它非常简单，真的！让我们从这儿开始，即从第 147 页中部（准确说是 147d3）开始。

莱斯利：那意味着什么呢？

阿诺德：它意味着标准版的第 147 页——还记得吗？——第 147 页 d 节（为方便起见，标准版的每页都被分成若干节）第 3 行。

李峰（朗读）："特奥多鲁（Theodorus）正在画图给我们证明有关正方形（square）的某种东西……"

唐纳德：我的书中不是这样说……

莱斯利：我的书中也不是这样说。这儿写道："特奥多鲁正在给我们写出关于平方根的某种东西……"

科尔博士：好了，我们迟早要碰到这种问题——不是所有的翻译都说同样的东西。

唐纳德：难道翻译者不懂希腊文（Greek）吗？

科尔博士：既懂又不懂。柏拉图的希腊文不是一种活语言，因此我们必须依靠文本。现在，不同的作者经常用不同的方式来使用相同的词，这就是为什么我们不仅有古希腊文词典，而且还有关于荷马（Homer，生活在公元前 8 世纪）、希罗多德（Herodotus，约公元前 485—前 425）、柏拉图、亚里士多德和其他人的专门词典。而且，我们这儿正在讨论一个数学段落，说话的人是一个数学家。数学家经常在专业意义上使用普通术语，其语义是什么并不总是很清楚。Dynamis，在你的文本中被译为"根"（root），常常意指力量（power，force）；这个词也出现在经济学中。弄明白它在这里极可能意指正方形，这花费了学者们很长时间。诸如此类的问题将出现在所有难理解的段落（passage）中。

唐纳德：我们能做什么呢？

科尔博士：学习希腊文。

唐纳德：学希腊文？

科尔博士：好吧！要么学希腊文，要么准备发现你所得到的并不是"真正"（really）所表达的，而只是一种极度删改过的阐释。（转向李峰）你的文本看起来是由这样的人翻译的——你知道，我们这一段特别难。

李峰（看着他的文本）：它是由某个姓麦克道尔（McDowell）的人翻译的。

科尔博士：啊！约翰（John）——好的，他一定知道他自己在做什么，至少在这个地方是如此。继续读！

李峰："特奥多鲁正在画图给我们证明有关正方形的某种东西——即：如果两个正方形的面积分别是 3 平方英尺和 5 平方英尺，那么，它们的边长与 1 平方英尺正方形的边长不可公度的（commensurable）……"

唐纳德：可公度？它什么意思？

李峰：如果你有一个 3 平方英尺的正方形，那么，这个正方形的边长不能用有限小数来表达，或者更简单地说，它不能用分子和分母都是整数的分数（fraction）来表达，无论分母的整数多么大。

唐纳德：你怎么知道那个？

科尔博士：这有证明……

阿瑟：事实上，有各种不同的证明……

科尔博士：……其中一些证明，在古代就已经知道了。那些证明非常简单，但我认为我们不应该探讨它们。仅仅相信下面这些就够了：有这类证明（proof），特奥多鲁知道它们，并用图形证明了它们。

李峰（继续读）："……与 1 平方英尺正方形；等等，分别选择每种正方形，直到 17 平方英尺的正方形。"

杰克：这些不同大小的正方形，他对每种都有不同的证明，是这样的意思吗？

科尔博士：是的。与泰阿泰德定义知识的情形一样，他列举了无理数（irrational number）的清单，从 3 的平方根开始，对每个数都有一种不同的证明。

杰克：因此，如果有一种独一的证明，它适用于所有数，当把它应用于某个数时，能够证明该数是无理数或不是无理数，那么，这种证明将是关于无理性（irrationality）的一般标准。

李峰：确实如此。但是，泰阿泰德却做了不同的事。他把所有的数划分为两类：一类包含形式为 A 乘 A 的数；另一类包含形式为 A 乘 B 的数，A 和 B 不同，但都是整数。他称第一类数为"正方形数"（平方数，square number），称第二类数为"长方形数"（oblong number）。

杰克：啊哈，面积是正方形数的方形的边……

李峰：他把这些叫作"长度"（length）……

杰克：……是有理数（rational number），面积是长方形数的方形的边……

李峰：……他把它们称作"神数"（power）……

杰克：……是无理数。于是，用这个术语，无理数被分类为神数，不再一一列举。这非常有创造性。

莱斯利：对于知识，苏格拉底也想要同样的东西，对吗？

科尔博士：是的，他想这样做。

布鲁斯：但知识不同于数。

科尔博士：那正是泰阿泰德所说的。

布鲁斯：他说得对。数是非常简单明晰的，没有变化。知识能够是相当复杂的，并总是在变化，关于它不同的人说着不同的东西。在某种程度上，数与知识的差异如同基础物理学（basic physics）和气象学（meteorology）的差异（difference）：基础物理学有简单的一般定律；而在气象学中，你时而尝试一种技巧，时而又尝试另一种技巧。此外，知识不是正好存在于某处的东西，而是由人们构造出来的，它像艺术品……

大卫：你意味着知识是一种社会科学（social science）……

布鲁斯：不是一种社会科学，而是一种社会现象（social phenomenon）。现在，苏格拉底仿佛想要所有的知识领域都像数学一样；在数学中，你有一般概念来概括许多不同的情形，也有关于这些情形的定理（theorem）。好了，苏格拉底如何回答泰阿泰德呢？

大卫（看着文本）：关于如何当助产士（midwife），他谈论了许多——稍等片刻——在他需要泰阿泰德的地方，他就逮着了他，他最终给出了一个定义：知识是感知（perception）！

莫林：没有争论吗？

大卫（又看了看）：没有，苏格拉底只是坚持要一个定义，最后，泰阿泰德就给他一个定义。

阿诺德：不要太难为泰阿泰德，当这篇对话进行时，他才只有 16 岁。

布鲁斯：没有难为他，我在谈论苏格拉底。没有讨论那个问题；知识（全部知识，不仅是数学部分）像数学一样，这被认为是理所当然的……

科尔博士：不完全是这样。如果我们翻到这篇对话的结尾，你将看到我们没有一个定义。提出三个定义，又拒绝了它们，然后，苏格拉底必须去法庭了。正是由于这个原因，一些后来的哲学家认为柏拉图是怀疑论者（sceptic）。凯米德（Cameades）是柏拉图学派的后期领袖之一，他自己甚至就是一个怀疑论者。

莱斯利：但是，《泰阿泰德篇》（*Theaetetus*）没有比《理想国》（*Republic*）更晚，对吗？

科尔博士：不对，《泰阿泰德篇》比《理想国》更晚。那是一般的假设。在《理想国》中，知识问题好像被解决了。在《泰阿泰德篇》中，这个问题又悬而未决了。在晚得多的《蒂迈欧篇》（Timaeus）中，《理想国》中的那个理论被称为"一种蓝图"，这种蓝图必须根据人、社会和整个宇宙（universe）的实际而不完美的形态与发展来检验。因此，我们必须阅读的不仅是一篇对话，而是整个系列的对话。

莫林：在我们阅读的这篇对话中，难道没有解决任何问题吗？

科尔博士：解决了一些问题，例如，相对主义问题。

查尔斯：您意指普罗塔哥拉吗？

科尔博士：是的。

查尔斯：但那开了一个非常糟糕的头。泰阿泰德说"知识是感知"（Knowledge is perception），苏格拉底答道"那是普罗塔哥拉的意见"。接着，苏格拉底引用普罗塔哥拉的话："人是万物的尺度（measure），是那些是它们是的（those that are that they are）的尺度，也是那些不是它们不是的（those that are not that they are not）的尺度……"

唐纳德：为什么不紧扣原文呢？原文在这儿写道"存在者存在（the existence of things that are）的尺度"。

科尔博士：记住，那是一种翻译（translation）！在这种情形下，译者给我们提供的是一种意译（paraphrase）……

唐纳德：意译？

科尔博士：好了，他没有逐字翻译（如果逐字翻译，那样译成的英文说起来有点笨拙），而是使用更简洁优美的表述方式。许多译者（translator）那样做；对于某些译者认为有简单术语的东西，柏拉图偶尔使用冗长的描述。但是，柏拉图自己通常却没有那种术语，所以，对这些东西的翻译只是一种意译，除此之外，它们也是时代错误。考虑到所有这些原因，因此，对于诸如"柏拉图说这"或"柏拉图说那"之类的语句，我们应当格外小心……

查尔斯：但柏拉图自己不是非常小心。普罗塔哥拉说"人"（man）——我猜想他意指任何人（human being）。

科尔博士：是的，在希腊文和拉丁文中，对应于 human being 和 man 的词是不同的：前者对应的希腊文词和拉丁文词分别是 anthropos 和 homo，后者对应的希腊文词和拉丁文词分别是 aner 和 vir。

查尔斯：他说人是万物的尺度——他没有说人如何衡量万物——这种尺度能够是感知，能够是直觉（intuition），也能是过去的经验。

阿诺德：但我们有一些另外的尺度。例如，亚里士多德说："根据普罗塔哥拉，切线不是在一个点上而是在多个点上与圆相切。"这听起来好像他是在依赖感知。

查尔斯：好吧，任何量子理论家（quantum theoretician）会说相同的东西，但不是因为他的感知告诉他这样。另外，请看 167 页，在这里，苏格拉底让普罗塔哥拉更全面地说明他的观点。苏格拉底塑造的普罗塔哥拉在此比较了教师（teacher）和医生（physician），他说：医生用医学（medicine）来治病。病人感到他自己健康状况不佳（正确的说法是，根据普罗塔哥拉，病人感到他自己健康状况不佳），医生改变了病人的健康状况，由坏到好——医生没有把真转变为假，因为病人的判断（是万物的尺度）总是真的。同样，普罗塔哥拉说：好的修辞学家（rhetorician）"使善（而不是恶）对于一个城市看起来是合理的"（或者，我宁愿说：使善看起来对于一个城市的居民是合理的）。好了，但"善"（Good）和"恶"（Evil）、"正义"（Just）和"邪恶"（Injust）不是感知术语——人们用非常不同的方式来判断"善"和"恶"，但他们判断"善恶"，因此，他们是"善恶"的尺度。于是，柏拉图提出关于普罗塔哥拉的一种阐释（account），这种阐释否认了这个尺度原理等同于"知识是感知"那样的思想。把普罗塔哥拉改装成了一个素朴经验论者（naive empiricist），这简直是诽谤。

莱斯利：但是，这里有一个关于风的例子（example of the wind），风对一个人来说好像是冷的，对另一个人来说好像又是热的……

莫林：嗯，这可能仅仅是一个例子。

莱斯利："万物总是在变化"的思想……

查尔斯：也不能从普罗塔哥拉所说的"人是尺度"中推出那种思想。相反，一些人"用人这一尺度来衡量"周围事物，发现事物总是相同不变的，让人感到乏味……

莫林：有科学，科学是一种人工产物，发现规则性（regularity）和重复性（repetition）。

阿诺德：有另一篇对话《普罗塔哥拉》（*Protagoras*）。在这篇对话中，普罗塔哥拉亲自出场，并建议违反一个城市的法律的人最终应被处死。该城市"用人这一尺度来衡量"后认为太多的变化是糟糕的，于是决定引入法律来保证某种稳定性，并（如果有必要）通过处决重复犯罪者来捍卫这些法律。

莱斯利：这家伙被称为"相对主义者"，是吗？

科尔博士：好了！你知道，使用诸如"相对主义者"（relativist）、"理性主义者"（rationalist）、"经验论者"等这些一般的术语时，你必须非常小心。

唐纳德：但是，把普罗塔哥拉与变化（change）联系起来，这确实有意义。人是万物的尺度，但人也在不断变化……

查尔斯：不是根据我来衡量我自身内部及其周围所发生的一切！当然，我在各处发生变化，但我坚持我的观点，改进它们，为它们找到更好的论证，即为我的这些相同的观点找到更好的论证……

阿诺德：谁将决定那个？

查尔斯：根据普罗塔哥拉，当然是我。

杰克：我认为问题不完全如此简单。你们现在说的是，柏拉图很随意地就把普罗塔哥拉与变化的原理联系在一起。但是，请看第 154 页，此处有这个例子……

唐纳德：骰子（dice）？

杰克：是的。

唐纳德：现在我一点也不懂！

杰克：如果你心里有某些假设，然后再来处理它，那么你就会理解它了。有 6 个骰子——它们多于 4 个骰子，少于 12 个骰子。现在我们没有从这 6 个骰子中拿走任何东西，这 6 个骰子是一样的，但却变少了。

唐纳德：那没有意义——"多于"（greater）和"少于"（less）是关系。

杰克：啊哈！因此，我们所拥有的是稳定的东西（6 个骰子在这儿，4 个骰子和 12 个骰子在那儿）及其之间的不同关系（relation）。这样，普罗塔哥拉的尺度原理也在存在者（what is）与衡量活动之间引入一种关系。但是，我们在此没有具有相互关系的稳定实体，情况正好相反——存在（THAT IS）的任何事物都是由那种关系构成的：这种用人的尺度来衡量使其存在（BE）。所以，我认为苏格拉底在 153d3ff 处所说的是完全恰当的。就"看见"（seeing）来说，你既不能说你看见的颜色存在（IS）于眼内，也不能说它存在（IS）于眼外或任何地方；你必须说，它和它的位置都存在于感知过程中——它们是一种不可分的团块（indivisible block）的组成部分，而这种不可分的团块把存在与被感知者统合到一起。

李峰：爱因斯坦 – 波多尔斯基 – 罗森关联（Einstein-Podolsky-Rosen Correlations）！

唐纳德：什么？

李峰：这正是量子理论关于测量过程所说的意思。爱因斯坦及其合作者引入一个思想实验（thought experiment）来证明（正如柏拉图想要证明）：事物即使在测量之前，它们也有确定的性质。他们构想了一种非常特殊的情形：有两个粒子（particle），我们知道它们的动量（momentum）

总和与位置差距……

唐纳德：我一点也不懂——这与柏拉图有什么关系呢？

查尔斯：好了，这依赖于你想要如何讨论一个哲学家。考虑到他的时代的知识状况，你只是想知道他如何妥善地对待其对手，是这样吗？或者，你想知道在什么程度上他的思想在后来的时代得到了复活，对吗？第一种方式是非常有趣的，但我认为第二种更有趣。毕竟，论证如同战斗。一方被击败了——考虑到当时的武器。但是，武器在不断变化。我们学习新东西，一方面，我们的数学变得越来越复杂了；另一方面，它又变得越来越简单了——以前用好多页来证明的东西，现在用一行或两行就能处理了——我们的实验设备也在变化，等等。因此，今天失败的思想可能是明天证明为正确的思想——想一想地球运动的思想。现在，下面的这个事情是非常有趣的：柏拉图在尝试反驳普罗塔哥拉的过程中提出了一种感知理论，这种理论（至少向我们）表明了普罗塔哥拉在什么程度上是预期了一种 20 世纪的理论。

唐纳德：但是，这种 20 世纪的理论是什么呢？

李峰：嗯，这有点困难——但让我试试。毫无疑问，你听过不确定关系（uncertainty relations）。

莱斯利：是的，哈森堡（Hasenberg）。

李峰：海森堡（Heisenberg）。好了，简而言之，不确定关系是说你不能同时知道位置（position）和动量（momentum）……

唐纳德：什么是"动量"？

李峰：像速度一样的物理量——简单点，把它看作速度。无论如何——你不能同时绝对精确地知道一个粒子的位置和动量。如果你知道的一个量非常精确，那么，另一个量就变得更加模糊；反之亦然。现在，你能用各种各样的方法来解释这些关系。例如，你能说：那个粒子总是在一个精确的位置上，而且也有精确的速度，但你不能同时知道它们二者，因为你对一个量所进行的任何测量将改变你关于另一个量可能知道的东西。

阿诺德：所以，如果我非常精确地知道一个粒子的位置并尝试测量其速度，那么，这种尝试测量速度将毁灭我关于位置的知识吗？

李峰：你可以那么说。

莱斯利：怪诞！

李峰：关于不确定关系（uncertainty relations），现在有另一种解释。这种解释指出：不确定的正是粒子（particle）自身，而不是我们关于它的知识。例如，如果你通过某种技巧绝对精确地确定了其动量，那么，你不仅不知道有关其位置的任何东西，而且甚至不再存在诸如位置的任何东西。

唐纳德：所以，它不是一个粒子。

李峰：你可以那样说。我刚才关于位置和动量所说的东西也适用于许多其他物理量对（如粒子自旋的 x 分量和 y 分量）。如果一对物理量不能被同时精确确定，那么就把它们称为一对互补量（complementary magnitudes）。在这种意义上，位置和动量是互补量；或者，更确切些，位置在某一方向上的分量与在相同方向上的动量分量是互补量。爱因斯坦及其合作者构建了一种情形……

查尔斯：一个思想实验？

李峰：对，当爱因斯坦最早提出它时，它是一个思想实验——现在，它已变成一个真实的实验。好吧！爱因斯坦构建了一种特殊情形来尝试证明下面的观点：量子理论自身（与某些普通的假设一起）蕴含着互补量同时具有明确的值。我将尝试说明这个论证——但是，如果你们听不懂，就必须让我停下来。

莱斯利：别担心！我们确信能听懂。

李峰：爱因斯坦假定两个粒子 R 和 S，而且还假定我们知道它们的距离及其动量总和。

唐纳德：但是，我们不能同时知道位置和速度——你刚才那样说！

李峰：你说得完全对。然而，我们能知道位置和速度这两者的某些组合，如两个粒子的位置差（即它们的距离）及其动量总和——我们能绝对精确地知道这两个组合。

大卫：怎么可能呢？

李峰：好了，我只好向你们保证我们能这样做——否则，我们将永远无法顺利开始。现在，假定 R 与我们待在一起，S 运动离开我们，而且与我们的距离足够远，以致 S 不再受我们在 R 周围所做的任何事影响。我们现在测量 R 的位置——我们能绝对精确地测量 R 的位置。

布鲁斯：没有测量能够绝对精确——总是有某种误差。

李峰：记住！这是研究量子理论的一个思想实验！"绝对精确"（Absolute precision）意味着当达到这种精确时，量子理论的定律未被否定。因此，我们测量 R 的位置——我们知道 R 和 S 之间的距离，故我们不仅能推算出这次测量后 S 的位置，而且还能推算出就在这次测量之前 S 的位置，因为 S 的位置如此远，以致对 R 进行测量不能对 S 造成任何影响。同样的原因，我们还能说 S 总是有非常明确的位置，无论我们是否测量它，因为可以在任何时候进行测量。这同一论证也适用于速度，从而告诉我们 S 总是有非常明确的动量——所以，S 总是有非常明确的位置和动量，这违反了我上面提出的关于不确定关系的第二种解释。

杰克：好吧！显然，我们不得不放弃那种解释。

李峰：但我们不能放弃！提出那种解释是有原因的，它是唯一能够调和相互之间有明显冲突的实验结果的解释。

莱斯利：好吧，那么我们就不得不说测量会影响一个物体，即使这个物体非常遥远……

查尔斯：这与骰子的例子极为相似——东西发生了变化，尽管没有添加什么，也没有拿走什么……

李峰： 如果你们不想做我们在那儿所做的事——声明位置和动量是关系，不是粒子固有的性质，并且，这些关系不仅存在于具有脱离关系的稳定性质的事物之间，而且存在于由相互作用构成其一部分性质的事物之间——正如在那个视觉理论中的情形一样，柏拉图发展了那个理论，并把它归之于普罗塔哥拉。我认为这非常有趣，因为它表明柏拉图反对普罗塔哥拉的论证也可以用来反对量子力学（quantum mechanics），尽管量子力学几乎被牢固确立了。

唐纳德： 好了！毫无疑问，我完全不知道你们正在谈论的东西。但是，我确实读过这篇对话，对于这种思想（你们把它与量子力学联系起来），苏格拉底有一些非常简洁的反驳。我们仅看一个例子，他如何反驳那个论题"知识是感知"：现在，我看你，我感知到你，我知道你在那儿；然后，我闭上眼睛，但仍然知道你在那儿，尽管我不再感知到你。苏格拉底总结道："因此，'知识和感知完全一致'这种论断包含了一种明显的不可能性。"关于此，你们现在有什么说的呢？

大卫（激动的样子）：你读得不够充分，只要再往后面读几行！

唐纳德： 哪儿？

大卫： 紧接着你刚才引用的那一行！它讲了什么呢？

唐纳德（朗读）："如同一只无用的公鸡，我们没有赢得胜利，逃离了论证和乌鸦。"我不理解这个。

布鲁斯： 这非常简单。他说他迄今为止所提出的那些论证都是欺骗。

唐纳德： 他为什么要做这种事——首先构造许多反论证（counter-argument），因为这不是唯一的；然后说它们没有价值？

科尔博士： 因为那是智者正在做的事情，他想揭示智者的论证方式。

唐纳德： 运用反例（counter-example），这是您的意思吗？

科尔博士： 正是如此。

唐纳德： 提出假说，运用反例来证伪假说，这些难道不是人们在科学中所做的事情吗？

杰克：这完全视情况而定！以"所有渡鸦（raven）都是黑色的"为例，如何来反驳它呢？

唐纳德：用一只白渡鸦。

杰克：我梦见一只白渡鸦。

唐纳德：不对，要一只真实的白渡鸦。

杰克：我画一只白渡鸦。

唐纳德：显然，不是画一只白渡鸦。

杰克：那正是苏格拉底所说的意思。闭上我们的眼睛，我们仍然知道，但没有感知，因此，知识不会是感知——这就是论证。看一只画出来的渡鸦，我们看见它是一只渡鸦，但它不是黑色的，所以，不是全部的渡鸦都是黑色的。这有什么错误？言语的一致（或不一致）支配着我们。就渡鸦的例子来说，发现有一只用"白色"这个词恰当描述的渡鸦，这是不够的，我们还必须知道我们想要什么种类的白色——这不是一件简单的事情（假定一群渡鸦因为某种疾病失去了颜色——我们将如何处理这种事情？）。至于知识的情形，发现存在非感知的知识，这也是不够的，我们不得不决定我们想要什么种类的非感知。如果一位哲学家把知识等同于感知（普罗塔哥拉是否这样做过，还有一些疑问），那么，他可能有一种非常复杂的感知观念，所以，我们必须更加深入他的理论。例如，他将非常可能不认为记忆（在简单的意义上）和感知是关于同一事物的，因为他将有一种记忆理论，它像李峰刚才在这里与量子理论联系起来的那种感知理论一样复杂。

唐纳德：这意味着证伪（falsification）不起作用吗？

查尔斯：噢，不对！证伪起作用，但它是一个相当复杂的过程。简单的反例是不够的——它们可能是虚幻的，如同那画出来的渡鸦，记住这是一个概念问题！我们正在谈论的东西不是观察，而是与观察相联系的各种实体，我们正在谈论形而上学！任何好的反驳都包含形而上学判断！苏格拉底所说的意思是：一种新理论将用一种新方式来安排事物，因此，通过与适应于旧框架安排的言语进行比较来反驳这种新理论，这是一种不公平的批判（criticism）。正是在这种意义上，爱因斯坦、波多尔斯基和罗森的那种批判是一种不公平的批判。

唐纳德（郁闷的样子）：这样一来，我们不得不重新开始。

科尔博士：是啊！我们重新开始（看着他的手表）——但是，我认为我们现在应该进行得快一些，剩下的时间不多了，下一次我想继续完成这次课程的内容，并讨论塞尔（John Searle）。因此，让我仅仅列举一下苏格拉底所提出的第二组批判……

唐纳德：这些是真实的批判，不是虚假的批判，对吗？

科尔博士：对，它们是真实的批判。第一个批判是有关未来的。

莫林：但是，那出现要晚得多。

科尔博士：嗯，我宁愿现在处理它，因为它是一个非常简单的问题。翻到第 177 页末尾，再翻到第 178 页。根据普罗塔哥拉，好的法律（law）是那些法律，它们被绝大多数公民认为是好的法律。但是，公民也认为好的法律是使城市繁荣的法律——这是为什么采用它们的原因。如果法律在立法者看来是好的，因而对他们也是有好处的，但结果却是法律毁灭了城市，那么，这是怎么回事呢？

莱斯利：如果客观上好的法律结果却是毁灭了城市，那么，这是怎么回事呢？

唐纳德：你是什么意思？

莱斯利：好了，柏拉图在心中有某些取舍。他抨击普罗塔哥拉，因为他相信柏拉图的理念（Platonic idea）比普罗塔哥拉的意见（Protagorean opinion）更好。但是，柏拉图的理念也面临同样的问题。理念在那里是真实而客观有效的：当一些人想要压制别人，但又不想为此承担个人责任时，这种词汇就总会冒出来——结果是灾难性的。

科尔博士：好吧！让我们假定你是对的。柏拉图自己有问题。但是，难道普罗塔哥拉就没有问题吗？

杰克：我认为不是这样。几年前，人们说："这些法律在我们看来是好的，所以，它们对我们有好处。"现在，他们说："这些法律在我们看来是坏的，所以，它们对我们有坏处。"这没有矛盾，正如我的下面这两种说法之间没有矛盾一样：我在星期二说"我感觉良好，所以我的状态良好"；而我在星期三说"我感觉不好，所以我的状态不好"。

阿诺德：但是，如果是这样，那么，我确实看到了不同的问题。人们之间怎么会有争论呢？A 和 B 要争论，A 必须能说与 B 说的相矛盾的东西，这意味着 A 和 B 所说的必须独立于他们的心灵状态。

杰克：不是这样。要有一个争论，在 A 看来，B 所说的不同于他自己所说的，这就够了。此外，这种状况也是不可避免的：如果 A 和 B "客观上"相互矛盾，但两者都没有注意到它，那么，他们也没有争论。柏拉图的理念一定在我们生活的世界中留下了形迹，但是，一旦它们留下了形迹，我们没有它们也能继续进行。

莫林：但是，如果这是你的思考，那么，你怎么能说服别人呢？你为什么想要说服任何人呢？

杰克：普罗塔哥拉把修辞学家与医生进行比较，而且只与把言语（而不是药丸）作为其医术的医生进行比较，当他这样做时，我认为他对此给出了一个答案。一位哲学家发现了一个他认为需要提高的人。他接近那个人，并与他谈论。如果那位哲学家很好地完成了他的工作，那么，谈论（talk）将像医术（medicine）一样起作用，将改变那个人的思想和一般态度，尽管这些思想和一般态度看起来都被如此误导了。

莫林：但是，这个最后的陈述（statement）（即"谈论将像医术一样起作用"）只是某种老生常谈的东西，并没有向任何人表明什么。

杰克：啊，不对！如果那位哲学家很好地完成了他的工作，那么，将向他和他的病人表明"谈论"这种"医术"已经起了作用，而且还将向研究该问题的社会学家（sociologist）表明这种意思——尽管没有人需要社会学家来研究该问题，因为那位哲学家和他的学生没有这种附加信息也能达成一致。

莫林：最终的标准是双方感觉良好，这是你的意思吗？

布鲁斯：嗯，那难道不适用于所有的理论争论吗？你有某种高度抽象的理论，比如黑格尔哲学或超引力物理学。人们相互谈论，你从远处观察他们交谈，连半句也不理解，但是，你看见交谈进行得很流畅——人们有分歧，但他们好像知道他们正在做什么。在你看来，他们好像知道他们正在谈论什么；尽管对你而言，那些谈话完全都是胡扯。好吧！这种理解标准是：整个事情向你展现出来，因而你能沉浸其中，毫无抵抗。这种标准无论客观与否，但你在实际生活中使用它，而且也把它应用于高度抽象问题中。

杰克：关于物理理论，你能说相同的东西。但有理论，也有实验……

李峰：所有这些事情都能用计算机来处理……

杰克：是的，它们都能用计算机来处理，但问题是——为什么都用这种设备呢？——这里，个人判断（personal judgment）出现了……

李峰：是的，在边缘……

杰克：个人判断出现在哪儿，这不要紧——但它们是决定性的！如果科学家突然厌倦了他们的工作，或者，如果他们以各种方式产生幻觉，或者，如果大众转向神秘主义，那么，科学将像纸房子一样崩塌。现在，支撑物理学的个人判断通常是如此隐蔽、如此自发，以致一切都好像是计算和实验。事实上，我想说的是，正是这种极度轻率才造就了客观性（objectivity）印象！无论个人判断还是没有判断都是如此。我认为甚至有一本物理学家所写的著作……

阿瑟：一位物理化学家——波兰尼（Michael Polanyi，1891—1976），

你是说他的著作《个人知识》（*Personal Knowledge*）……

莫林： 我对这种谈论非常担心。好像一切都归结为人们的印象（impression）。但另一方面是，除我自己外，我没有涉及任何人……

阿诺德： 你意指唯我论（solipsism），即"你孤独存在，其他的一切仅仅是你的人格（personality）的丰富多彩的组成部分"这种思想，对吗？

莫林： 对，但那不可能是全部真理（truth）。

莱斯利： 你确信如此吗？

杰克： 无论如何——普罗塔哥拉不会说它是这样！他伸开他的手说：存在他的手，他的手不同于他关于那只手的思想，前两者又不同于站在他面前的这个人。但是，他还补充说：他从他自己的个人经验获得这一切，除此之外，没有别的来源。嗨！即使他说"我在一本书中读到它"——他仍然必须依赖其关于这本书的印象——等等。

莫林： 啊，这难道不是意味着他仅仅知道人们的外表——仅仅给他留下关于他们的印象……

盖塔诺： 好了，让我改变一下这个事情！让我问你，你知道人们外表以外的东西吗？你从近处（或从远处）看到你的一个朋友，但没有认出他是你的朋友，你遇到过这种情况吗？

莫林： 是的，我遇到过这种情况，这相当尴尬。我曾经在一座图书馆看到我的一个非常要好的朋友站在远处，并且在想"那个人的样子多么讨厌啊！"——接着，我认出了他。

盖塔诺： 怎么回事？

莫林： 哎，他是一个非常可爱的人——当我认出他时，他看上去就是这个样子了。

盖塔诺： 另一个印象怎么样呢？

莫林： 那只是一次意外！

盖塔诺： 因为它持续了很短时间，这是你的意思吗？

莫林：是。

盖塔诺：其他人就不会看到他的那个样子，你确信是如此吗？

莫林：哎，我真不知道，这是一个令人不愉快的经验！

盖塔诺：但是，这个经验，你的其他经验，你的记忆（memory）——这些是你所有的一切，难道不是这样吗？

莫林：是这样。

盖塔诺：获得知识意味着在这种组合中创造某种秩序（order）……

科尔博士：我认为如果我们回到这篇对话，这将会更好，在其中可以为你们的一些问题找到答案。我认为柏拉图想说的是，人们并不总是能创造某种适当的秩序——需要专家（expert）来做这个事情。这就是他的主要观点。不是每个人来判断——而是专家来判断。例如，（朗读）"相对于不是厨师的客人而言，厨师将是更好的鉴赏者，他能对正在准备的宴会所带来的快乐做出更好的鉴赏……"

大卫：好了，他不能到许多餐馆去鉴赏！昨天，我在一家法国餐馆吃饭。餐馆鉴评家赞赏它，其他餐馆的厨师也赞赏它，甚至《时代》（*Time*）杂志都推荐了它，这到底怎么回事？但我几乎要吐出来了！

查尔斯：的确如此！专家"本身"（in themselves）就是更好的吗？绝对不是！他们被优待，获得更高报酬，因为许多人相信他们所说的话。对许多人而言，有专家来告诉他们要做什么，这是很好的。

莱斯利：好了，"真实的"（real）批判仿佛没有比虚假的批判好多少。

科尔博士：等一下——我们还没有完成！苏格拉底说的一些东西不太有说服力，我同意这个——但是，还有别的论证！例如，苏格拉底论证说：普罗塔哥拉原理（principle of Protagoras）反驳自身。

杰克：如果要处理那个论证，您将会遇到很大困难！苏格拉底称它为"精致的"（exquisite）论证，但我看到的全部却是一种相当无能的欺骗。请看第170页，他引用普罗塔哥拉，因为他想用普罗塔哥拉的话来反驳后者自己。他引用普罗塔哥拉的话：在一个人看来是什么，对他而言，也是什么。请注意！他没有说，在一个人看来是什么，就是什么；而是说，在一个人看来是什么，对他而言，也是什么。

科尔博士：是的，那是普罗塔哥拉所说的话。

杰克：现在，如果我正确理解了那个论证，那么，他指出：许多人不相信那个信念（belief）。他们没有说"在我看来是什么，对我而言，就是什么"，而是无视"在他们看来是什么"；在绝大部分时间里，他们甚至没有他们自己的意见，他们仅仅是跟随专家。

大卫：哎，专家有真理，在他们看来正是这样。

杰克：不对，那不是我想要得到的论点。根据苏格拉底，面对普罗塔哥拉的格言，大多数人会说：他们必定不是万物的尺度，只有专家才是；而专家自己会说：是的，我们知道我们正在谈论什么，别人则不知道。这难道不是苏格拉底所说的话吗？

科尔博士：不是原话，但意思是这样。

杰克：然后，从这儿到结尾，苏格拉底说：这意味着普罗塔哥拉自己（正是通过运用自己的原理）必须承认他的原理是虚假的——注意！不是对于这些人而言是虚假的，或者不是对于这些专家而言是虚假的，而是（他应当这样说）根据此原理的措辞，它绝对是虚假的。好了，我重复一下：这不是论证，而是骗局。

赛登伯格：那不可能是正确的解释（interpretation）！我不是说柏拉图从来不要花招，而是说如果他想欺骗我们（像你们美国人所说），那么，他不用这种低能的方式来耍花招。请看一看！当他第一次引入普罗塔哥拉原理（Protagoras' principle）时，他非常小心地添加了"对于他而言"（for him），而且在他所举的例子中也添加了它：对于感到冷的他而言，风是冷的；对于感到热的他而言，风不是冷的，等等。我们现在正在讨论的这一段也同样如此，一开始就是：对一个人显现什么，对他而言，就是什么。

所以，如果他省掉了"对他而言"，他必定有理由这样做。

杰克：我想知道那种理由是什么。

赛登伯格：好吧，让我试试。（对杰克说）我没有接受你那样的逻辑教育，我可能出错，但我将尽力而为。这样，普罗塔哥拉说"在一个人看来是什么，对他而言，就是什么"，或者简单变换为"在一个人看来是什么，对他而言，就真的是什么"，进一步变换为"看起来不是对于一个人而言的，对于那个人而言，它就不是真的"。你同意吗？

杰克：同意，请继续。

赛登伯格：把那两种语句组合到一起，我们能进一步说普罗塔哥拉宣称下面这两个命题"等价"（equivalence）："在 x 看来是 p"和"对于 x 而言，p 是真的"。迄今为止，我是对的吧？

科尔博士：我说，你是对的。

赛登伯格：现在，我想模仿你们逻辑学家（对杰克说）——我把这个等价称为等价 p。现在，假定某人（如苏格拉底）否定等价 p。

杰克：好吧，那么，在他看来非 p（因此，对他而言，非 p）与那个原理一致。

赛登伯格：可以是那样。他可以说"非 p"（non-p）与那个原理一致——但是，这样说时，不管与什么原理一致，他否定那个原理。注意，他没有普遍否定它。苏格拉底没有说："对于我而言，p 从来不是真的"，或者，"对于所有命题 p 和所有人 x 而言，'如果在 x 看来是 p，那么对于 x 而言，p 是真的'这个命题是假的"——他只是说"对于我而言，p 是假的"，这意味着对于他而言，存在一些这样的语句：对于一个人而言，它们表面看来是真的，这并没有使它们对于那个人而言成为真的。当然，对于感觉材料（sense-data）陈述而言，苏格拉底不想否定 p——在这里，表面看来是真的就确实是真的，而且他自己也是这样说的。

杰克：然后呢？

赛登伯格： 嗯，根据普罗塔哥拉，在一个人表面看来是什么，对于那个人而言，就是什么。这样，根据普罗塔哥拉，一些表面现象（对于苏格拉底而言）不同于相对应的真理（对于苏格拉底而言）。因此，根据普罗塔哥拉，p 不是真的——对于他而言（对于普罗塔哥拉自己而言）。他能摆脱困境的唯一方式是否定两个人能有关于同一语句（sentence）的意见（opinion），但是在这种情况下，他的原理就不再有意义了，因为它被认为是关于任何人所坚持的任何命题（proposition）的，不是仅仅关于普罗塔哥拉所坚持的命题的。柏拉图说那个原理是假的，就表达这样的意思，这倒是真的——就是这样。但是，他能这样做，由于一旦"对于……是真的"（true for）与"在……看来"（seem to）相分离，就没有更多的理由来保留"对于……"（for），因为"对于……"（for）只是类似于"看起来"（seeming）。因此，对于我而言，这个论证非常有说服力。

布鲁斯： 嗯，我不是非常确信。我不是说您对这个论证的解释不对，而是说你们两个（柏拉图和你）做了一个很大的假设。你们假设如果把一个原理（或程序）运用到自身，结果导致谬论（absurdity）或矛盾（contradiction），那么就必须放弃它。这个假设非常可疑。首先，普罗塔哥拉可能不想用这种方式来使用他的原理。

科尔博士： 我没有把握。普罗塔哥拉是智者（sophist），而智者是构建复杂论证的"能工巧匠"。

查尔斯： 那么，让我们把普罗塔哥拉原理与他对它的解释分离开来。关于这个原理，我们能做什么呢？我们必须接受我们刚才听到的反驳（refutation）吗？

布鲁斯： 不，因为我们不必接受这个规则（rule）：必须放弃运用到自身会带来困境的原理。看看下面空白处的句子：

在这个空白处的唯一的一个句子是假的。

读这个句子，我能进行如下的推理：它是真的，如果它是真的，那么它是假的；如果它是假的，那么它是真的，等等。这就是古老的说谎者悖论的翻版。一些人得出这样的结论：必须避免自指涉（self-reference）；一个语句决不要谈论自身。例如，我决不说这样的语句："我现在正在非常温和地谈话"。为什么？因为有下面的假设：一种语言的所有可能的语句都已经被表达出来了，并作为一个抽象系统来存在。把自指涉引入这种系统自然会造成困境。但是，我们说的语言不是这种系统，其语句还没有已经存在，当我们说话时，它们一句一句地产生出来，随之形成了说话规则。假定我说："粉红色忧郁地爬过了山冈。"我说的这句话有意义吗？在一个专制系统里没有意义，在那种系统里，颜色词汇应该只用于物质对象。然而，我在此可以正在引入一种新的诗歌风格，我说出这个陈述可以是为了向我的精神病医生表达梦境——而且，他将非常可能理解我的意思——我可以对一位演唱的学生说这个陈述，以帮助她定调——请相信我，演唱的老师使用诸如之类的陈述，而且非常成功！在所有这些情况中，我们不仅遵守规则，而且还通过我们运用语言的方式来制定和修改规则。

盖塔诺：这非常有趣。我现在正学习和谐与作曲理论。哎，有些老师制定规则，并为这些规则提供了一些抽象的理由，而且坚持认为每个人应当遵守它们。如果回到历史中，就会发现这些规则有许多例外。作曲家经常违反它们。这些教师做什么呢？他们或者批判作曲家（composer），或者使它们变得越来越复杂。皮斯顿（Walter Piston，1894—1976）在其和谐理论中开拓出一条不同的道路。他阐述其观点的话，我从没有忘记一句。他说："音乐是创作的结果，不是规则应用的结果。"现在，你说语言是说话的结果，不是规则应用的结果，因此，人们不能通过如下的方式来判断语言：当冻结语言的组成部分并把它存入计算机时，看看会发生什么。

阿瑟：我想补充说一下：科学是研究的结果，不是遵守规则的结果，所以，人们不能用抽象的认识论规则来判断科学，除非这些规则是一种特殊的不断变化的认识论实践的结果。

杰克：但是，现在证明（proof）——诸如哥德尔不完备性证明（Goedel's incompleteness proof）有什么结果呢？或者，关于命题演算（propositional calculus）一致性（consistency）的更简单得多的证明，有什么结果呢？

盖塔诺：我已经思考了那个问题。这种证明不是关于口语（spoken language）（例如，关于使用数字的语言）的，而是关于其形式重构（reconstruction）的，而且它还表明这种重构必定是有限的。如果你决定不论发生什么事情都要坚持某些规则，那么，你就一定会遇到各种各样的障碍。

布鲁斯：这些例证很好地说明了我想要说的东西！把作曲家（或说某种语言的人）的观点应用于普罗塔哥拉原理时，我们把该原理当作一种经验法则（rule of thumb），它的意义来自其使用，不是预先固定好的。因此，苏格拉底的论证没有反驳相对主义，而是反驳了柏拉图形式的相对主义，在这种形式的相对主义里，陈述没有受到话语（utterance）的束缚，它们独立于言语（speech）而存在，以致一个新的陈述可以把先前的表演转变为闹剧。

杰克：好了，如果你决定继续构造你的陈述，当然，没有人能反驳你。

阿瑟：根本不是这样！在欧拉（Euler, 1707—1783）、伯努利家族（the Bernoullis）、拉格朗日（Lagrange, 1736—1813）和哈密顿（Hamilton, 1806—1865）手里，那个被称为"牛顿理论"（Newton's theory）的陈述集合体发生了变化；在某种意义上，它是同一种理论，在另一种意义上，它又不是同一种理论；可是，对于这个不是非常稳定的结构，科学家最后详述了明确的困境。如果你抱有布鲁斯的实践的态度，那么，当然就不得不修改你有关在理论与其困难之间关系的思想。你将不再认为理论是一种清晰可辨的实体，而这种实体会精确表明什么困难将使它自身消失；你将把理论当作一种模糊的许诺，这种许诺的意义被人们决定接受的困难不断改变和纯化。前面一点时间，在讨论"所有渡鸦都是黑色的"和苏格拉底拒绝他自己的第一组批判时，我们已经谈论过这个问题。在某种程度上，跟随他们脚步的逻辑学家和哲学家是非常肤浅的。他们看见一个陈述（如普罗塔哥拉陈述），并用低能的方式来解释该陈述，然后得意扬扬地反驳它！但是，如果使用这种程序，那么科学很久以前就被消灭了。按照字面意义解释，每种科学理论都与很多事实（fact）相冲突！柏拉图意识到了这种情形，所以批判了那种轻易去除一个理论的实践，但然后爱上了那种实践，自己使用它。

查尔斯：这意味着：我们必须把相对主义与苏格拉底为易于反驳而对它持有的看法分离开来……

莱斯利：根据普罗塔哥拉对它可能持有的看法，假定他用逻辑学家的方式来处理那个陈述。

布鲁斯：对。现在讨论相对主义，从一些实践问题开始，我认为这很好。我们的意图是什么呢？我想说的是，相对主义者的意图是保护个人、团体和文化，以免受到那些自认为已找到真理的人伤害。我想在此强调两个事情。第一个就是宽容（tolerance），但不是这种宽容，它宣称："好吧！那些蠢货什么也不知道——但他们有权按照他们觉得合适的方式生活——所以，让我们别理他们。"依我看，这种宽容是相当卑劣的。相反，相对主义者的那种宽容假定：被宽容的人们有他们自己的成就（achievement），并因这些成就而生存下来。要说明这些成就的基本特征是什么，这不容易。我们肯定不能说是"思想系统"或"生活系统"（systems of living）——在我们的争论中，这种假设的荒谬性变得非常明显。但是，我们能近似地把一种文化的特定阶段隔离出来，并把它与另一种不同文化的特定阶段进行比较，从而得到这样的结论：在一定程度上，两者都可能获得一种快乐的生活。当然，文化 P 的成员在文化 Q 中可能感到非常不舒服，但那不是关键。

关键的要点是，如果成长于文化 Q 中的人们来了解文化 P，那么，他们可能发现优势和不足，最终可能更喜欢文化 P，而不喜欢他们自己的生活方式——他们做出这样的选择，可能有非常充足的理由。在这种情况下，诸如"但他宁愿要谬误（falsehood）而不要真理"这样的陈述就仅仅是废话。

阿诺德：我不能同意这个！好了，任何陈述，无论人们如何思考它，它要么是真的，要么是假的。我赞同坏人可能是快乐的，好人可能遭殃——但那并没有使坏人变成好人。

查尔斯：如果全世界的各个组成部分都是一样的，而且也没有随着人们的行为方式发生变化，那么，你是对的。在这种情况下，你才能真正说：是的，这里我有一个陈述，它是一个稳定的实体；那里我有一个世界，它是另一个稳定的实体；在它们二者之间存在一种客观关系（objective relation），一方与另一方相符或不相符，尽管我从不知道实际的情形是什么样的。但是，假定如下几个假设：世界或（使用一个更一般的术语）"存在"（Being）对你的行为方式或整个传统的行为方式做出反应；它对不同的方式做出不同的反应；决不把这些反应与普遍本质（universal substance）或普遍规律（universal law）联系在一起。另外，假如"存在"积极反应（即维持生存和确证真理的途径不止一种），那么，我们能说的全部就是：经过"科学"（scientifically）处理后，"存在"依次给我们提供了一个封闭的世界、一个永恒而无限的宇宙、一次大爆炸（big bang）、一个星系巨壁（在微观方面）、一个不变的巴门尼德团块（Parmenidean block）和德谟克利特的原子（Democritean atom）等，直到我们有了夸克等；经过"精神"（spiritually）处理后，"存在"给我们提供了神，不仅是有关神的思想，而且是真实可见的神，这些神的行动能够被密切注意——在所有这些条件下，都维持了生存。好了，在这种世界里，你不能说神是幻想——它们确实就在那里，尽管不是绝对的，而是在对某些特殊种类的行动做出反应；而且，你也不能说万事万物都遵循量子力学规律，并且万事万物过去总是遵循它们，因为只有在你经历了复杂的历史发展过程之后，这些规律才会出现；你能说的是，不同的文化和不同的历史趋势（在早前引入的那种近似和限制的意义上）在实在中都有一种基础，在这种意义上，知识是"相对的"。

李峰：人和整体文化是尺度，存在也是尺度，无论我们生存的世界如何，它都是这两种尺度相互作用的结果，你说的意思是这样吗？

查尔斯：是，这种表述非常好。许多人错误地假定：作为一种对他们的行动（或历史）做出反应而产生的世界成为所有其他文化的基础，可是，其他人太愚笨，没有注意到它。但是，人们无法发现各种不同的世界从"存在"中涌现出来的机制。

李峰：对上面的这个假设，我感到担心——有一天会发现这种机制，为什么没有这种可能呢？

查尔斯：因为发现是历史事件——不能预见它们。如果知道相互作用的机制，我们就可能预见它们——所以，我们将永远无法认识这种机制。换言之，我们可以说：生命在时间中绵延的生物不能预见大自然的行动。这种生物能预见在一个特定世界中将发生什么，但不能预见从一个世界到另一个世界的变化。

杰克：我想再回到李峰的担心——为什么不可能发现"存在"自身的规律。即使根据我们自己的有限宇宙的规律，构建出显示知识限度的情形模型，这也是容易的。例如，我面前这张桌子的纯量子态（quantum state），为了发现它，我将必须有一种比整个宇宙都要大的测量仪器；如果我有这种测量仪器，它将毁掉这张桌子，而不是测量它。把我们的头脑解释为计算机，有关其能力，我们能做某些假设——然后，某些东西将超出我们的理解力——根据我们知道和接受的事实和规律（law）。各种世界对于人类而言至少是部分可理解的，而人类自身却是不可理解的，因此，为什么"存在"不应当用各种世界来对人的行为做出反应呢？

阿诺德：你几乎说得"存在"好像就是一个人。

查尔斯：完全可以这样——其实，我根本不反对把"存在"看作一种"上帝－或－自然"（deus-sive-natura），只是没有斯宾诺莎的限制（the Spinozan constipation）。

杰克：这样，相对主义现在意味着说没有一种稳定的本性，而是有一种不确定的实在（reality），这种实在原则上是不可知的，它拒绝某些途径——对一些行动（action）没有反应——但是，相对于实在论者（realist）（诸如柏拉图或爱因斯坦）所假定的来说，它留下非常多的灵活性，对吗？

查尔斯：我认为是这样。不同的文化，它们根本不是由疯子创造的，并且其产生成效也不是因为普罗塔哥拉原理的一种极端形式，而是因为"存在"允许不同的途径，鼓励一种实践相对主义（practical relativism）——在某些界限内，在"存在"允许其是尺度的程度上，人（或文化的某些暂时稳定的方面）是事物的尺度。此外，在这种限制的意义上，成为一种尺度需要一种独立量，"存在"允许个人或文化拥有这种独立量。一个孤独的个人沿着一条孤独的道路前进，可能"触及存在的要害"（touch a nerve），并促发一个全新的世界。我们不能简单地把关于相对主义和宽容的讨论与宇宙学（cosmology）（或甚至神学）分离开来——一种纯逻辑的讨论不仅仅是幼稚的，而且甚至是没有意义的。

科尔博士：好了，柏拉图好像在后来的《蒂迈欧篇》（*Timaeus*）中持相同看法，他构建了一种整体的宇宙学作为说明知识的背景……

（一个博学模样的人出现在门口）：对不起，我现在必须开始上我的课了……

科尔博士（看看他的表）：已经过时间了？我们只讨论了这篇对话的一半。

唐纳德（用哀伤的语调）：结论是什么呢？

查尔斯：你没有学到任何东西，这是你的意思吗？

唐纳德：对——我试图做了一些笔记，但你们漫无目的地从一个论题跳到另一个论题，这完全是一片混乱……

查尔斯：你的意思是说，结论是你能写下来的东西，对吗？

唐纳德：那还用问吗？

赛登伯格（试图调解一下）：但是，请注意！记住我们什么时候谈论柏拉图的风格，并且，记住他为什么反对学术散文（scholarly essay）……

唐纳德：您意味着一切都是悬在空中，对吗？

查尔斯：不是悬在空中，但也不是在纸上——而是在心里，作为记忆和态度（attitude）。

唐纳德：那不是我所意指的哲学……

（那个博学模样的人）：你是哲学家吗？怪不得，你不能及时完成……

格拉茨娅（Grazia，出现在门口——这位女士妩媚动人，头发卷曲，说话时操有浓重的意大利口音）：这是知识论（theory of knowledge）课吗？

科尔博士（显得感兴趣）：是，不过它结束了，对不起！

格拉茨娅（失望地）：我为什么总是迟到！

科尔博士（温和地）：实际上，你错过的不是很多。

格拉茨娅：您不是这个课的老师吗？

科尔博士（有点尴尬）：我是这个课的老师，但我不想成为专横的人……

格拉茨娅：您让人们交谈？上讨论课？我如果来了，可以发言吗？

科尔博士：如果你能让别人停下来。

格拉茨娅（高傲的样子）：嗯、嗯、嗯，我认为那没有问题。我没有赶上这个研讨班，我感到很抱歉……

（格拉茨娅与科尔博士一起离开了，两人热烈地交谈着。大家都离开了。唐纳德独自一人留在原来的位置，咕哝说）：这是我的最后的哲学课了。我将永远不再上这样的课了。

第二对话录（1976 年）

第二对话录

在闲暇时，自由人总是有时间悠闲地随意谈论。如同我们将在我们的对话中所做的那样，他将从一个论证跳到另一个论证；像我们一样，他将离开旧论证，转向更吸引他的新论证；他不关心讨论时间多长多短，只要讨论获得真理。此外，职业人士（*professional*）或专家的谈论总是争分夺秒，急匆匆地赶时间；没有时间来详细讨论他选择的任何主题，但是对手或者他的编辑却控制他，愿意列举一个论点清单，他必须把自己限制在这些论点内。他是一个奴隶，在主人面前就一个奴隶伙伴进行争论，而主人承担审判，并在手中有某种明确的诉求；争论点绝不是他不感兴趣的，但他的个人事务却总是处于危险之中，有时甚至是他的薪水。于是，他习得一种紧张而痛苦的机灵……

引自柏拉图的《泰阿泰德篇》（Plato, *Theaetetus*）

A：你用什么反对批判理性主义（critical rationalism）？

B：批判理性主义？

A：是的，批判理性主义，波普尔的哲学（Popper's philosophy）。

B：我不知道波普尔有一种哲学。

A：你不真诚。你曾是他的学生……

B：我听了他的一些讲座……

A：成为他的学生……

B：我知道这是波普尔学派（Popperians）所说的……

A：你翻译了波普尔的《开放社会……》（*Open Society...*）

B：我需要钱……

A：你在脚注中提到波普尔（Popper，1902—1994），而且非常频繁……

B：因为他和他的学生请求我这样做，而我心肠好。我几乎没有料到：这种友好的表示有一天会导致产生关于"影响"（influence）的严肃论文。

A：但你是"波普尔学派"（Popperian）的一个成员——你的全部论证都具有波普尔学派的风格。

B：那正是你的错误之处。我与波普尔的一些讨论反映在我早期的著作中，这是相当真实的——但是，我与安斯科姆（Anscombe，1919—2001）、维特根斯坦（Wittgenstein，1889—1951）、霍利切尔（Hollitscher，1911—1986）、玻尔（Bohr，1885—1962）的讨论也是这样，甚至，我阅读达达主义（Dadaism）、表现主义（Expressionism）、纳粹权威典籍也在各处留下了痕迹。你知道，当我偶尔发现一些不寻常的思想（idea），我就试用它们；而且，我试用它们的方式是把它们发挥到极致。没有一种思想没有益处，无论其多么荒谬、多么可憎；没有一种思想不助长并掩藏我们的愚蠢和犯罪倾向，无论其多么合理、多么人道。在我的全部论文中，引用了大量维特根斯坦——但是，维特根斯坦学派（Wittgensteinians）既没有追求大量追随者，也不需要他们，所以，他们没有要求我成为他们自己中的一员。此外，他们知道我认为维特根斯坦是 20 世纪伟大的哲学家之一……

A：比波普尔伟大？

B：波普尔不是哲学家，而是卖弄学问的人——这就是德国人为什么那么热爱他的原因。至少——维特根斯坦学派认识到：我对维特根斯坦的赞赏并没有使我成为维特根斯坦学派的一员。但是，这完全离题了……

A：不完全如此，因为你的主张是：虽然你可以使用某些思想，但是，你不必接受它们。

B：是这样。

A：你是无政府主义者（anarchist）吗？

B：我不知道——我没有思考那个问题。

A：但，你就无政府主义（anarchism）写过一本书！

B：那又怎么样？

A：难道你不想被认真对待吗？

B：那有什么关系吗？

A：我不理解你。

B：当表演一部好的戏剧时，观众会非常认真对待演员的动作和言语；他们时而同情这一个角色，时而又同情另一个角色；即使他们知道，扮演禁欲者的演员在其私生活中是个浪荡子，扮演扔炸弹的无政府主义者的演员是位胆小如鼠之辈，他们也会这样做。

A：但是，他们会认真对待那位作家（writer）！

B：不，他们不会！当那部戏剧迷住他们时，他们感到身不由己地要思考他们从未思考过的问题，而不管他们在该剧结束时可能得到什么补充信息（additional information）。这种补充信息并非真正相关……

A：但是，假定那位作家创造了一个巧妙的骗局（hoax）……

B：你什么意思——骗局？他写了一部戏剧——不对吗？那部戏剧产生了一些影响，不是这样吗？它促使人们思考——难道不是这样吗？

A：通过欺骗他们来促使他们思考。

B：他们没有被欺骗，因为他们没有思考作者。如果他的信念原来不同于他的角色的信念，那么，我们甚至将更加钦佩他，因为他能超越其私生活的狭隘界限。你看起来更喜欢剧作家（playwright）成为说教者（preacher）……

A：我喜欢我能信赖的剧作家……

B：因为你不想思考！你想要他为他的思想负责，以便你能接受它们，而不用担心，不必细致地分析检验它们。但是，让我向你保证：他的诚实不会帮助你。有许多诚实的傻子和罪犯。

A：你反对诚实（honesty）吗？

B：我不能回答这样的一个问题。

A：许多人能够回答。

B：同样，因为他们没有思考。能用多种方式来描述我们所涉及的情形，有关这些情形，我们应该是"诚实的"（honest）。如果这些情形已经被描述，那么，它们就跟以前不同了。想要"诚实"，我就可以说"我爱莫林（Maureen）"；我这样说，因为我想要诚实。但是，这样说了后，我开始产生怀疑——说我"爱"（love）她，是有点过了；说"我喜欢莫林"（I like Maureen），更好；但是，这样说也不完美，失去了某种东西；等等。当我简单地告诉我与莫林之间的故事时，我没有遇到这些麻烦——当然，我爱她——这还用问吗？但是，"要求诚实"对我的故事要进行特殊阐释，因此它变得模糊了……

A：现在，你说你不仅不知道诚实是什么，而且不知道爱是什么。

B：但是，我确实不知道。

A：你有一点特殊，你不这样认为吗？人们非常清楚地知道他们是否爱他们的妻子、他们的父母……

B：一有机会，他们就愿意说"我爱你"——我承认如此。但是，他们知道吗？一个小孩对他的母亲说"我爱你"；施虐受虐狂关系（sado-masochistic relationship）中的一方对正在遭受鞭打的另一方说"我爱你"——想一想卡瓦妮（Liliana Cavani，1937— ）的《午夜守门人》（*Night Porter*）。话说出来很轻松——但是，它们意味着相同的意思吗？

A：好了，像这样进行下去，你很快会说：我们从不知道我们正在做什么，我们的整个生活就是一种幻想（chimaera）……

B：如果这样，又怎么样呢？无论如何——看起来存在于我们的言语中的任何凝固性（solidity）都是不思考的结果；而且，戏剧是一种最适当的交流工具，因为它既借助于这种不思考，又使其变得明确起来。但是，回到诚实——假定我知道它是什么，并假定它蕴含着我不应该撒谎，那么，我想要诚实的愿望就将很经常地与我想要友好的愿望相冲突。

A：康德（Kant，1724—1804）回答过那个问题。如果对一个特定的人不诚实，那么，会伤害整个人类（humanity），因为人类是以信任（trust）为基础的。在世界上撒最小的谎会亵渎这种信任，从而伤害人类。

B：好吧，我为什么如此经常地对哲学家感到蔑视，这就是原因之一……

A：但是，你自己也是哲学家！

B：不对，我不是哲学家！我是哲学教授，这意味着我是"公务员"（a civil servant）。但是，回到康德！他描绘了"一幅漫画"（关于成为人意味着什么的可怕的"漫画"），并用它来为人们变得这样残忍进行辩护：如果人变得这样残忍后，他们就毫无任何悔恨感；恰恰相反，他们却具有奇妙的感觉，认为自己做了"正确的事情"（the right thing）。哲学家是为残忍行为发现奇妙理由的伟大艺术家……

A：请不要说了——你不说，我也少不了什么！

B：不要阻止我，请听下去。在我面前的，是一位即将死去的妇女。她的全部幸福就是她的儿子。她很痛苦，并知道自己即将离开人世，于是问道："阿瑟（Arthur）正在做什么？"当时，阿瑟正在坐牢。我将告诉她那个，使她绝望地离开这个世界？还是，我将告诉她"阿瑟很好"？哎，康德说：与人类的幸福相比，她的绝望没有价值。但是，这种"幸福"（well-being）完全是他自己构建的一种怪物。没有一个埃塞俄比亚（Ethiopia）的苦难者会因为我残忍对待我面前的那位妇女而感到快乐或减少苦难。这些是重要的事情，不是玩家马布斯博士（Dr. Mabuse）的胡言乱语。

A：现在，如果你的态度是这样——你反对让诚实的思想成为我们行为（因而我们教育）中的重要组成部分，这是你的意思吗？

B：好吧！如果那正是要问的问题，那么，我的答案是显而易见的。假如我们也被告知诚实的思想有限度，而且我们还受到一些关于如何在这些限度内行动的教育，那么，这种思想就应当成为我们教育中的重要组成部分。

A：对于真理和正派（decency），你也会说相同的话吗？

B：对于诸如真理、诚实和正义（Justice）这些大话所表达的全部思想，我都会说相同的话，因为这些思想严重损害我们的头脑，并残害我们的最佳天性（instinct）。

A：这样，对于你而言，教育是一种保护人们免受教育的方式。

B：的确如此。你知道卢戈西（Bela Lugosi，1882—1956）吗？

A：当然知道。

B：他扮演德拉库拉（Dracula）。

A：他扮演得非常好。

B：传闻说他睡在一口棺材（coffin）里。

A：这难道不是有点做得太过分了吗？

B：为什么？

A：人生要比扮演德拉库拉更丰富。

B：正是如此！相比于包含在任何特定信条（creed）、哲学、观点（point of view）或生活形式（form of life）等中的东西，人生要丰富得多，因此，你千万不应该被训练成日夜睡在一套特定思想的棺材中的人；如果一位作者向其读者呈现了一种观点，那么，他也决不应该如此短视，以致相信没有更多的东西要说了。

A：人生要比真理、诚实……更丰富。

B：天哪！你什么时候将停止唱那些愚蠢的咏叹调（aria），它们没有任何认识内容，只有像狗吠一样的功能：它们使忠实守信者处于准备攻击的状态——当然，他们丧失了智力。给我任何一组美德（virtue），存在另一个美德可能间或与之相冲突。仁慈（charity）可能与正义和真实（truthfulness）相冲突；爱可能与正义相冲突，可能又与真实相冲突；诚实可能与保护某人生命的愿望相冲突；等等。此外，我们永远无法认识可能赋予我们人生以内容的全部美德，我们刚刚开始思考这些问题，因此，如果我们没有被洗脑到这种程度，以致我们不再是人类，而成为真理机器（truth-machine）和诚实计算机（honesty-computer），那么，我们今天可能想捍卫的任何永恒原理明天很可能就被推翻。确实，人生要比真理和诚实要丰富得多。人们必须能看到这种丰富性（richness），并且必须学会如何对待它，这意味着：他们必须接受一种不只包含几条贫乏戒律的教育；或者，用否定方式来表达，他们必须得到保护，以防受到那些人的伤害，因为那些人想要前者成为他们自己心灵污秽的忠实翻版。

A：这样说来，你确实反对教育。

B：正好相反！我认为教育——那种最适宜的教育——给人生提供最必需的帮助。我认为这些可怜的人降生于世，仅仅是因为男人或女人彼此觉得无聊，感到孤独，希望生一个宜人的小宠物来改善状况；或者是因为妈妈忘记了带避孕环；或者是因为妈妈和爸爸是天主教徒，没有生育不敢"享乐"——我认为这些可怜的人需要某种保护。他们没有请求过却降生了——然而，正是从他们生存的第一天起，他们就被摆布，被禁止做这个，被命令做那个；施加给他们可想象的任何压力，其中包括来自因需要爱和同情（sympathy）而产生的非人道的压力。他们这样成长，变得"负有责任"（responsible），因而那些压力升华了。我们用论证代替鞭子，用来自某一侏儒的压力代替父母的威胁，因为这一侏儒的侏儒同伴认为他是"伟人"（great man）。他应该用寻求真理来代替吃晚餐。但是，为什么明天的孩子应该必须模仿今天的顶级傻瓜呢？我们把生存强加给他们的那些人，为什么不应该从他们自己方面来看待这种生存呢？难道他们没有权利过他们自己的生活吗？难道他们没有权利使他们自己高兴吗（即使这把他们的老师、父亲、母亲以及警察部门吓得魂飞魄散）？为什么他们不应该决定反对"理性"（Reason）和"真理"（Truth）……

A：你一定在做梦……

B：这是我的正当权利，也是每个人的正当权利，千万不要被残害我们的那种教育剥夺，因为那种教育没有帮助我们最充分地发展我们自己的天性。

A："最充分地发展我们自己的天性"——你是我所见过的最自我中心的人。

B：我没有说我自己想要这个。我太老而不能运用我认为应该赋予每个人的那种自由，而且我被一种糟糕计划的混乱生活搞砸了。但是，我说：降生到这个世界的任何人，虽然降生时没有被请求讨，但却能笑着面对想告知他"职责"（duty）、"义务"（obligation）等的任何人。我没有请求就出生了。我没有请求我母亲与爸爸跳上床，以便我可以诞生。我没有请求我的父母照料我，我没有请求我的老师来教育我，所以，我什么也不欠他们。我也没有欠"人类领袖"（leader of mankind）任何东西，他们发明了使他们自己开心的那些愚蠢的游戏，但谁也不能期望我认真对待它们……

A：基督（Christ）布道不是为了使他自己开心……

B：在某种程度上，他布道是为了使自己开心——毫无疑问，他的行动没有违反其心愿。他设想某种人生形式，他想传播它，在一些犹豫之后，他甚至设法强迫人们来注意他。他启动了一个历史过程，在此过程中，数百万人被折磨和残害，小孩被火烧，因为一些异端裁判官（inquisitor）感到需要为他们的灵魂（soul）"负责"（responsible）……

A：难道你不能指责一下对基督的审判！

B：啊，我能！任何教师如果想引入新思想、新的生活形式，那么就必须认识到两个事情。首先，如果思想没有某种内在的保护（inbuilt protection），那么，它们将被滥用。伏尔泰（Voltaire，1694—1778）的思想有这种保护，而尼采（Nietzsche，1844—1900）的思想却没有这种保护。尼采的思想被纳粹分子使用，而伏尔泰的思想却没有。其次，他必须认识到：一个"主题思想"（message）在一些环境中有帮助作用，而在另一些环境中却可能是致命的……

A："我们应该追求真理"这个主题思想怎么样呢？

B：它使我们忘记没有神秘性（mystery）的人生是贫乏的，还使我们忘记一些事物（如我们的朋友）应该被爱而不是应该被完全认识。

A：但是，总是存在我们不认识的事物……

B：我正在考虑我们应该不干涉的事物，纵然追求真理仿佛承诺了某些结果……

A：这是纯粹的蒙昧主义（obscurantism）……

B：对，而且我支持更加激进的蒙昧主义，超过今天任何人敢支持的蒙昧主义。

A：啊，有什么好处吗？

B：你恋爱过吗？

A：我认为恋爱过……

B：你认为恋爱过。

A：嗯，我认为，我恋爱过。

B：你喜欢过"它"吗？

A："它"意指什么？

B：恋爱？

A：是的，我喜欢过"它"。

B：你曾尝试过分析其原因吗？

A：对，当然，我尝试过！

B：你怎么进行？

A：我问问题。

B：你问谁问题？

A：我问我的一些熟人。我也问所涉及的那位女士。

B：她如何反应？

A：她非常耐心——

B：但是，她变得冷淡了吗？

A：对，她变得冷淡了。她还告诉我：我不该与陌生人谈论她的个人私事。

B：你的追求真理与她的隐私（privacy）要求相冲突。

A：看来是这样。

B：你询问调查后——你对她的爱是增强了还是减弱了？

A：嗯……

B：那个恋爱的整个事情就停止了。

A：是的。

B：你用你的喜欢刨根问底杀死了它。

A：但是……

B：但是，在每个人中都有一个你必须敬畏的"区域"，你千万不要尝试闯入这个"区域"，除非允许你这样做……

A：我完全承认这个——但是，这是一种非常特殊的情形。

B：不对——看看这儿的这本书。

A：《人类试验品》（*Human Guinea Pigs*）——它是谈论什么的？

B：它谈论追求真理的医生（doctor）。

A：好吧！医生必须找到治疗患者（patient）的方法。

B：让患者付出代价吗？

A：否则，他们怎么能提高医学水平呢？

B：物理学以实验为基础——是不是这样？

A：是的。

B：最好的结果是实验室中获得的那些结果。

A：对。

B：但是，恒星（star）太大太远，对它们不能做实验室的实验。

A：同意。

B：因此，人们不得不采取各种各样的方法来获得关于它们的知识。天文学在物理学之前很久就得到迅速发展了，尽管缺乏实验室的结果。

A：但是，患者（其中的许多）是可以用来做实验的。

B：不对，他们不可以用来做实验。他们的身体是他们自己的，医生无权仅仅为了满足自己的好奇心而研究它们。

A：那么，医生应该如何进行治疗呢？

B：构想一种不依赖于干预人体的医学。

A：但是，这种医学是不可能的。

B：它不仅不是不可能的，而且它已经存在了。所谓的经验主义医学学派已经收集了有关病人身体变化的详细信息——眼睛颜色的变化，皮肤肌理和颜色的变化，肌肉紧张度的变化，大便、尿液、唾液的黏稠度或浓度的变化，黏膜肌理的变化，反应能力的变化；而且，不用干预就能直接观察到这些变化。

A：以这些变化为基础进行诊断（diagnosis）和治疗（therapy），几乎是不可能的。

B：那仅仅说明你关于医学和医术（art of healing）知道得多么少！在发现有机体的某些细微的失调方面，脉搏诊断是非常有效的，而这些细微的失调在任何"科学"测试中都没有显示；它们不使用现代医学所依赖的昂贵设备来诊断常见病；X射线成为多余的了，其他危险的诊断方法也同样如此。

A：好吧！或许，可能发现一些相互关系，但我们几乎不能说它们导致认识疾病。

B：但是，认识不是一个医生所要求的。他必须治疗……

A：但是，他也必须用科学方法（scientific manner）治疗。

B：为什么他应该如此呢？其实，人们能容易证明"用内容增加等诸如此类的科学方式（scientific way）进行治疗"经常与治疗任务相冲突（conflict）。

A：现在，你正在构造什么悖论（paradox）？

B：根本不是悖论！哲学家经常创造某些思想，但这些思想却被普通大众看作是毫无意义的胡言乱语，你承认这个吗？

A：我承认这个。

B：另外，有这样的人，他们的行为在我们看来如同发了狂一样，但在与我们自己社会不同的社会中，他们却具有重要作用。

A：你想说什么？

B：先知，萨满教的僧人（shaman）。今天的纽约市人会把一位真正的希伯来先知（Hebrew prophet）当作疯子，即使这位先知操最地道的布鲁克林口音（Brooklynese）。

　　A：确实如此，因为自从尼布甲尼撒二世（Nebuchadnezzar，约公元前 634—前 562）或希律王（Herod，约公元前 74—前 4）以来，情形已经发生了变化。

　　B：变化没有这么快！一些人对他们的亲属具有很大帮助，亲属们喜爱他们，受他们鼓舞；然而，村子（或城市）里的其他人却宁愿没有他们，你知道那样的人吗？

　　A：我不知道任何像那样的人——但我能很好地想象这种情形。

　　B：今天，老人大多被看作医疗问题（medical problem）——他们被送到专门为老人开设的养老院或医院……

　　A：……因为他们需要照料，因为他们不能自己照料自己。

　　B：不对，因为没有他们要做的任何事情。在今天的美国，老年人只是人类的废弃物，自然，他们很快就像那样了。有其他一些社会，在这些社会中，责任随年龄不断增大，并认为值得关注我们今天称作老年人胡言乱语的东西，而且年轻人从其祖先的经验中学习……

　　A：……我们有历史学家做那方面的工作。

　　B：这些历史学家做什么工作？他们得到资助编撰口述历史，这种历史意指诉说而成的历史，由很久前发生事件的幸存者来诉说。直接听这些诉说，这更好，因为没有知识分子过滤，这种过滤横插在源头和从源头获取信息的那些人中间。在过去的二百年间，人们对待孩子的态度有相当大的变化，你知道吗？今天，我们对孩子非常富有感情——但是，仅仅在不久前，一个孩子的去世不会比家庭宠物死亡更令人悲伤。甚至，卢梭（Rousseau，1712—1778）在写到把他的五个孩子送到孤儿院时也没有太多感情，而他在别的方面却是一个容易动感情的人。毫无疑问，你也读过福科（Foucault，1926—1984）的书，他的书论述了对待心理健康、监狱和犯罪等的态度变化。不久前，精神病人与穷人（或不愿意工作的人）划分为一类；在此之前，把精神障碍解释为与魔鬼订立契约的结果；今天，医学已经接管了……

A：那些事情，我都听说了，尽管只是模糊含混，而且还是通过传闻而来。但是，请告诉我，所有这些与你的承诺有什么关系……

B：……即为了说明科学医学可能与治疗愿望相冲突？嗯，关于孩童的观念、关于死亡的观念、关于精神失常的观念、关于犯罪的观念、关于监狱的观念，以及对待老年人的态度在不同社会中是不同的，甚至在同一社会中的不同部分也是不同的；而且从一代人到下一代人的传递过程中，这些观念和态度也会发生变化；正是通过与此完全相同的方式，关于健康（health）的观念也将发生变化。

A：是的，我能明白那个。但是，我补充说：今天，我们不得不依靠科学来对健康进行适当定义。

B：对你而言，医生仿佛是一种弗兰肯斯坦博士（Dr. Frankenstein）。一位医生发现一个有机体，说"它不好"，然后设法重新改造它，直到它符合他的健康观念为止。

A：好吧，病人几乎不知道他何时生病、何时没有生病——也许，极端病情除外。

B：根据一些科学家的意义，他可能不知道他何时生病；但是，他的确知道他喜欢什么样的生活，厌恶什么样的生活。

A：你是乐观主义者（optimist）。

B：假如我是乐观主义者——这是否意味着我们应当让别人代替他来做决定呢？

A：嗯，显而易见，如果他不知道，那么，别人不得不做那种决定。

B：那不是唯一的一种可能性。

A：你心里想到了什么？

B：教育。

A：但是，那实际上是一样的——我们训练一个人做出专家在相关情况下可能做出的决定。

B：这样，对你而言，教育意味着把人们变成专家。

A：是的，或者，至少让他们对专业知识有一些领会。

B：例如，占星术知识？或者针灸（acupuncture）知识？

A：当然不是那些知识。

B：为什么不是那些知识呢？

A：我必须向你解答这种无意义的问题吗？

B：我希望你解答一下。

A：没有人认真对待占星术。

B：抱歉，我要反驳你——许多人认真对待它。

A：在对科学略有所知的人中，没有人认真对待它。

B：当然不是这样——现在，科学是我们最喜爱的宗教（religion）。

A：你想要认真保卫占星术吗？

B：如果那些批判是无能的，那么，为什么不认真保卫占星术呢？

A：没有更重要的事情了吗？

B：阻止人们受到无知恶棍的恐吓，没有什么事情比这更重要了。另外，占星术是说明无知者（ignorant）（即科学家）如何与笨蛋（ignoramus）（如科学哲学家）共同联手成功欺骗每个人的绝好例证。

A：我简直不敢相信我的耳朵！你坐在那儿侃侃而谈，好像占星术不完全是胡说。我不明白我们为什么还要在这个主题上浪费更多时间。

B：只要你一旦使我相信这件事确实在浪费时间，那么，我马上就同意你的说法。

A（叹气）：——好吧，如果你一定要闹着玩。占星术假定宇宙是中心对称的，而且地球在宇宙中心。随着哥白尼学说的兴起，那种思想被抛弃了。占星家没有考虑这种情况，他们成为科学上的文盲，一心使他们那可怜的迷信永存，忽视科学的进步；他们抢夺人们的钱财，用浅薄的预测来代替负责任的决定，从而来剥夺人们的自由意志（free will），而自由意志是人们最珍贵的"财富"。

B：天哪！——在批判假神时，你们理性主义者全然变成了诗人！

A：不管是不是诗人——我是对的，所以，我们现在能回到这个医学问题来吗？

B：还不能。

A（绝望的样子）：又离题了！

B：没有离题，只是一个简单的评论。你知道来自自由意志的反对（objection）……

A：……一种非常重要的反对！

B：另外，你还知道来自孪生子命运的反对……

A：……另一种非常出色的反对！

B：……你知道两者都是由教父（the church fathers）提出来的吗？例如，是由圣奥古斯丁（St Augustine，354—430）提出来的吗？

A：不，我不知道那个——但是，这有什么要紧？

B：要紧的是，反对占星家的战斗不是由科学家发动的，而是由教会（church）发动的，而且是出于宗教的原因。此外，我认为今天描绘那场战斗的这种非理智的狂热行为仍是一种中世纪（medieval times）的遗风，不管其主要支持者自称是多么"科学"。

A：那非常有趣……

B：……也很重要，因为这说明科学家（尽管他们有相反的声明）保留了教会的一些重要态度。

A：我不能对此进行评论。这是有趣的，但却是不相关的，因为有价值的是论证，而不是影响。

B：你听说过开普勒（Kepler，1571—1630）吗？

A（看起来被冒犯了）：我当然听说过。

B：你知道他写过"星象算命"（horoscope）之类的东西吗？

A：因为他不得不谋生！

B：因此，他也写过捍卫占星术的文章，对吗？

A：他几乎不是认真的。

B：为什么不认真呢？

A：他是哥白尼学派最杰出的天文学家之一，对吗？

B：对，他不仅捍卫和实践占星术，而且他还改进它，并为他改进过的占星术积累证据。

A（显得不高兴）。

B：你不必相信我。关于这方面，请你读开普勒自己的著作，即他的《第三方干预》（*Tertius Interveniens*）和《文集》（*Collected Works*）中的其他论文；此外，请你读赫兹（Norbert Herz）论述开普勒的占星术的旧论文……

A：好吧！在某种程度上，我能理解那个事情——毕竟，那时的物理学不是非常先进。

B：但那不是你的论证！你说新天文学使占星术成为废话。现在，我们在这儿谈到一位新天文学家。事实上，他是最优秀的新天文学家之一，而且撰写著作来捍卫占星术。他不仅通过写作来捍卫占星术，还收集证据，改进这个学科……

A：或许，我有点草率，但是，毕竟，人非圣贤孰能无过……

B：在开始论证时，你的态度不是这样！你诅咒占星家，好像他们是罪犯，好像已经完成了对他们的审判，用最具有攻击性的证据来反对他们。现在，一下子变成"人非圣贤孰能无过"——你们这些家伙对你们自己的错误多么宽容啊！

A：好、好——我承认我的判断是草率的，但是，占星术毕竟有如此多的缺点，以致对反对它的一个论证进行反驳并不能改善其境况，尽管开普勒曾经决定捍卫占星术。这些是其他不同的时代，在那些时代里，科学和迷信（superstition）不像今天这样泾渭分明，最杰出的科学家有时也坚持荒谬的教条。开普勒捍卫过占星术——这是被确认无疑的。那没有使占星术变得更好，它仍然是一种糟糕的迷信。

B：那么，请问，为什么？

A：假定星体影响我们的生活……

B：太阳今天发光，这难道不是真的吗？

A：然后呢？

B：你穿的是轻便衬衣，而不是套衫，这难道不是真的吗？此外，你的心情比下雨天的要好，这难道不是真的吗？

A：哎，你越来越荒谬。没有人否认太阳影响天气。

B：那么，月亮呢？

A：月亮肯定不影响天气。

B：潮汐怎么回事？

A：那是不同的事情。

B：然而，如果根据你的观点，那么，伽利略（Galileo）就会否认潮汐与月亮有任何关系——占星术是愚蠢的，因此，潮汐必定有不同的原因。他错了。

A：因为后来完全确证的一个理论表明他错了。

B：这意味着我们满足于只是简单地说"月亮对天气没有影响"——我们必须分析研究这个问题。

A：同意。

B：同样，我们也必须分析研究星象算命的有效性（validity）问题。

A：那倒不必。每个人都知道星体的力量太弱，因而没有这种影响。

B：你知道等离子体（plasma）是什么吗？

A：一种电子云（cloud of electrons）吗？

B：太阳（Sun）被庞大的等离子体包围着，你知道吗？

A：知道，我听说过它。

B：行星（planet）也同样如此，你知道吗？

A：我不知道那个，但它看起来是完全合理的。

B：这些电子云相互渗透、相互作用……

A：啊！是磁暴（magnetic storm）及诸如此类的事情吗？

B：是的。好吧，太阳活动影响短波接收，而太阳活动又与行星等离子体的相对位置有关系，这意味着太阳活动与行星的相对位置有关。于是，人们能根据行星位置来预测短波接收的某些特征——有一种射电占星术（radioastrology），它是由美国无线电公司（RCA，即 Radio Corporation of America）的研究人员创立的。

A：那与占星术没有任何关系。占星术处理人类生活中的细节问题。

B：不仅仅是这样。它也涉及动物、云彩、风暴、植物，它探讨天和地之间的任何联系。但是，那不是你的论证——你的第二种论证。你的第二种论证是，行星对地球的影响太弱了，以致没有任何明显的效应。因此，这种论证被射电占星术反驳了。

A：我认为此答案不完全恰当。当然——行星影响太阳，而且行星相互影响，从而也影响地球上的某些过程。行星甚至影响人——毕竟，人们能看见它们，谈论它们，写关于它们的诗歌。但是，这些不是我现在正在谈论的影响。我正在谈论的影响是这样的：它们在我们没有直接知识的情况下发生，并通过潜意识的方式来决定我们的行动。例如，让我们假定我想要结婚。我心里想：是否结婚、结婚的原因是什么、结婚的目的是什么。最后，我结婚了，而且我认为有明确的原因。占星家说：不对，你遗漏了一个重要的原因，即你出生（或她出生）的星象（horoscope）、你们婚姻的星象、你们初次相遇日期的星象。我认为，这种断言是愚蠢的迷信。

B：对癌症研究（cancer research），你有什么看法？

A：你什么意思？

B：嗯，有许多研究癌症的机构。构成其研究基础的思想是"愚蠢的迷信"，你这样认为吗？

A：当然不！

B：为什么？

A：已经有进步。

B：什么种类的进步？

A：新的理论洞见。

B：但是，关于癌症治疗，怎么样呢？

A：有手术治疗，有放射治疗（radiation treatment）、化学治疗……

B：大约三十年前，人们如何治疗癌症？

A：我猜测，用手术，即用外科手术来切除癌组织。

B：发现了新的治疗方法，对吗？

A：对，正如我所说的——放射治疗……

B：这只是意味着用更精致的方法来切除癌组织。但是，我们仍然在切除。

A：是的。

B：有一些根本不同的新方法吗？

A：据我所知，没有。

B：嗯，在微观研究（microresearch）和所有美好的现代细胞结构理论出现之前，切除方法就已经存在了。

A：是的。

B：这意味着：迄今为止，这些理论还没有引起任何治疗上的进步。

A：这是你说的。

B：这不仅是我说的，而且许多负责任的研究人员都这样说。

A：谁？举个例子。

B：请读格林伯格（Daniel Greenberg）在《科学和政府报告》（1974年第 4 卷）中的报告［Vol. 4（1974）of *Science and Government Reports*］；或者，请读沃瑟（H. Oeser）的《癌症防治、希望和现实》（*Krebsbekaempfung, Hoffnung und Realitaet*）。格林伯格特别坦率，称美国癌症协会（American Cancer Society）的声明"使人想起越南在暴雨洪水到来之前的乐观主义"，因为该声明指出：癌症是可治愈的，而且在治疗上已经取得进步。可是，我们继续支持癌症研究，并认为它是科学的。

A：当然。

B：癌症研究的理论假设没有被指责为愚蠢的迷信。

A：肯定没有。

B：为什么没有呢？

A：因为已经取得成功（success）。

B：什么种类的成功？

A：关于单个细胞（cell）中所发生的过程，我们现在懂得多了许多。

B：但是，我们理解癌症是如何产生的吗？

A：我们不理解——但我们正在接近理解。哎，所有这些与占星术有什么关系呢？

B：非常有关系！我刚告诉过你的研究，说明行星位置如何能够与地球上的短波接收（short-wave reception）相关。

A：我回答了，说这丝毫没有减弱占星术的荒谬性。

B：你承认：这证明行星对地球上发生的事件有影响。

A：对，但……

B：行星不是太弱，因而能影响地球上发生的事件。

A：但它不是我们正在探寻的那种影响。

B：它正是你正在探寻的那种无意识的影响。既然你称癌症研究是科学的，那么，你赞同继续进行癌症研究，尽管仍有差距。为什么不把这同样的谦恭话语应用于占星术的基本假设呢？

A：因为就占星术来说，不仅研究结果之间有差异……

B：……正如我所说的，研究结果比我到现在为止所指出的那些要丰富得多……

A：……不仅研究结果之间有差异，论点也在争论中，而且还遭到反对……

B：……诸如孪生子反对（twin objection）。

A：诸如孪生子反对。

B：此外，你建议一个学科（或一个理论）如果受到反对，那么，它就应该被废除，或者被看作不科学的。

A：一个受到决定性反对的学科。

B：应当废除一个受到决定性反对的学科。这将是癌症研究终结的原因！

A：为什么？

B：研究了三十多年，但没有关键性进展。这也会成为经典电磁学（classical electromagnetism）终结的原因。

A：为什么？

B：因为经典电磁学（即这种基本理论）蕴含着不存在感生磁性（induced magnetism）。经典光学（classical optics）蕴含着：如果观看位于透镜焦点处的一个图像，你就会看到一个无限深的洞，可是却看不到这种东西。在量子场理论（quantum field theory）中，我们有无限性问题……

A：……此外，我们有重正化（renormalization）……

B：……一些物理学家把重正化称之为"怪诞的戏法"（grotesque trick）。无论你观察什么地方，你将发现理论被严重困扰——可是，这些理论仍被保留，因为科学家有虔诚的信仰，他们相信有一天可以消除这些困难。当我们处理量子场理论时，把这种虔诚的信仰称为"合理的科学假设"（plausible scientific assumption）；而涉及占星术时，却把它称为"愚蠢而不负责任的迷信"。这是为什么呢？让我们承认研究经常受直觉（hunch）引导，但对于直觉，我们极少赞同；让我们把这种承认公平地运用到所有学科，而不是只运用于科学家因某种宗教原因而碰巧所偏爱的那些学科！

A：但是……

B：我还没有说完呢！你知道，我根本不会反对，如果占星术的反对者这样说：我们不喜欢占星术，我们鄙视它，我们从来不读占星术著作，我们将必定不会支持它。这是非常正当的。你不能强迫人们喜欢他们憎恨的东西，你甚至不能强迫他们——你不应当强迫他们——让他们自己知道这个问题。但是，我们的科学家（我们理性而客观的科学家）不只表达他们的喜好和憎恶；他们行动，好像他们有论证；他们运用他们相当大的权威来赋予其憎恶以影响力。但是，他们实际上使用的论证仅仅显示了他们可怜的无知……

A：好，好，抱歉！我提出这个问题——关于它，我几乎什么也不知道……

B：……但是，当我们开始我们的小会话时，你的行为无疑显示好像你知道许多。另外，所有科学家都同样如此，他们对他们毫无所知的事情发表声明。

A：我不能肯定这类科学家有许多。

B：对不起，要使你的信念破灭。仅仅看一下这本杂志，它是美国《人文主义者》（*The Humanist*）杂志［不可思议的杂志名称，因为它原来竟是一份超级沙文主义的（superchauvinistic）杂志］，1975 年 10—11 月那一期。在那一期上，有一系列批判占星术的文章。这些文章写得很糟糕，充满错误。其中，一位作者说："占星术遭受严重打击，因为它是一种以地球为中心的系统（geocentric system）。"这是你的第一种论证。正如我们所见，它没有说服力。另一位作者写道：占星术起源于魔法（magic）。然而，如果有人想用这种一般的方式来谈论，那么，现代科学也"起源于魔法"。好了，你可能说，总是有这样的科学家：他们逾越其知识和能力的界限，从而使他们自己出丑。但是，现在看看总声明（总声明在更详细的论证之前）的结尾处：有 186 个科学家签名，186 个人签名！显而易见，这些有学问的先生们与其说对通过论证使人信服感兴趣，倒不如说对摆布人感兴趣。因为如果你有好的论证——那么多人签名还有什么用呢？因此，我们在这里所看到的完全是一份科学的"教皇通谕"（encyclical）：教皇们（popes）说了，事情就定了。现在，看看签名者的名字！不只是几个来自边远落后地区的科学家——科研机构最著名的明星把他们的手指对准占星家，诅咒占星家。埃克尔斯（John Eccles, 1903—1997），"波普尔学派的骑士"（Popperian Knight），诺贝尔奖得主；洛伦兹（Konrad Lorenz, 1903—1989），动物行为学家（而且也是我非常钦佩的人士），诺贝尔奖获得者；克里克（Crick, 1916—2004），与别人共同发现了 DNA 结构；另一个获得诺贝尔奖的大人物（Nobel-Bigshot），等等。此外，还有萨缪尔森（Samuelson, 1915—2009），经济学家；鲍林（Pauling, 1901—1994），两次获得诺贝尔奖（Nobel Prize），他提出一个有争议的（虽然是非常合理的）主张，即主张大剂量维生素 C 具有抗感冒甚至抗癌的功效——科学中无论是谁，他们每个人都凭借其名声来支持一份充满愚昧和无知的文献。在那份文献发表的几个月后，BBC（英国广播公司）的采访者想制作一个讨论节目，由一些诺贝尔奖得主（Nobel Prize winner）和占星术的捍卫者进行讨论，但是，所有诺贝尔奖得主都拒绝了——一些诺贝尔奖得主评论说：他们对占星术的具体细节一无所知。这些有学问的先生们不知道他们自己在谈论什么。现在，这群无知者（illiterate）决定在我们的学校教什么和不教什么，并傲慢轻蔑地宣布必须消灭他们没有研究也不理解的古老传统，而不管这些古老传统对于那些想依照它们来生活的人是多么重要；在我们出生时，这群无知者就干预我们的生活，母亲被送到医院，以便她们的婴儿可以马上知晓他们将要生存的这个千篇一律的技术社会的辉煌；在我们的少年时代，为了使最多的科学宗教进入青少年的头脑中，这群无知者小心地限定天赋，谨慎地设立课程（curricula），等等，直到最后"丧葬科学"（mortuary science）来处理那疲惫、残废和被污染损害的身体……

A：丧葬科学？

B：是的，在许多大学，它是一门正当的学科。这群无知者还决定下面这些事项：我们在何处使用核动力（nuclear power），以及如何使用核动力；我们的孩子将如何生活；什么是好的医疗，什么不是好的医疗。他们把无数的税款浪费在可笑的项目上；当有人提议支配这些税款的更好方案时，他们就竭力反对。这些无知者……

A：老天帮帮我——你不要说了！你多么荒谬啊！关于占星术，你可能是对的——纵然我还没有承认这一点……

B：……好，让我们继续讨论它。

A：不，不，不——不再讨论占星术。我认输。我什么也没说过。

B：可以接受。

A：但是，你提到的其他这些主题没有超出科学家的知识和能力范围，正好是其知识和能力的最强项——例如核反应堆（nuclear reactor）或医学，这正好是物理学家和医生（或生物学家）的最强项。你所做的就是：从这些人在专业范围以外的所谓无能来推断他们在专业领域中的无能——一种可笑的推理！

B：好吧——我们需要更多一些例子！

A：用这种方式，我们将不会达到任何目的！

B：如果你用"达到某种目的"意指证明科学是最重要的，那么，我当然同意了。

A：好吧，你的例子是什么？

B：它是一个来自考古学的例子。不久前，桑恩（Thorn）、霍金斯（Hawkins）、马沙克（Marshack）、赛登伯格（Seidenberg）和其他人发现：石器时代（Stone Age），人们就有非常高度发达的天文学；巨石结构（megalithic structure）[如巨石阵（Stonehenge）]是预测重要天文事件（astronomical event）的天文台和"计算机"……

A：例如？

B：例如，预测月食（lunar eclipse）。这些发现是由几个人做出的，而该职业团体中的其他人士拒绝接受。

A：毫无疑问，他们拒绝接受这些发现是有理由的。

B：对，他们有理由，但请听一下是什么样的理由。我这里有《天文学史杂志》（*Journal for the History of Astronomy*），其中有阿特金森（Atkinson）教授的一篇文章，他是巨石阵（Stonehenge）及类似结构方面的最好的专家。现在，读一下这位有学问的先生所写的东西。

A（朗读）："这儿，恐怕我要倾向于适度的悲观主义，只是因为我们中这么多人（像我自己一样）在人文学科（humanities）中受教育训练，因而缺乏必要的计算能力……"

B：就在这儿停下来！对于那些声称石器时代就存在高度发展的天文学的结果，阿特金森是"悲观的"，因为他所受的教育训练是不完整的。他认识不足——而且，还要利用他的无知来怀疑不寻常的研究程序。这是我想指出的一点。第二点甚至更重要。阿特金森缺乏"必要的计算能力"（the numeracy required）。他一生都在研究的巨石建筑的建造者们具有他说自己所"缺乏"的"计算能力"。他们比他更有知识，但是，很长时间以来，他和他的科学家同伴却利用他们自己的无知及其造成的心灵空白低估了"石器时代的心灵"（Stone Age Mind）。在"原始"（primitive）部落所探索的领域中，许多人类学家尽管是无知的，但他们却把他们自己的无知投射到它们，并推知"原始智能"（primitive mentality），从而制造"迷信"（superstitions）而不是"科学结果"（scientific result）。与之相似，许多现代医生虽然对《（黄帝）内经》（Nei Ching）一无所知，但他们却嘲笑针灸，并想方设法用法律手段来禁止它。他们利用法律来排除可能的公平的检验。现在，继续读吧！

A："桑恩（Thorn）的研究结果对考古学家（archaeologist）来说是多么令人烦恼，非考古学家应该懂得这一点是很重要的……"桑恩是谁？

B：一位研究人员，他发现了相当复杂的关于巨石的几何学（geometry）、计量学（metrology）和天文学，甚至包括白道（the Moon's path）回动（nutation）的知识。

A：什么是"回动"？

B：月球的轨道倾斜于黄道（the ecliptic），二者的交角大约是 5 度。白道与黄道的交叉点（所谓的交点）大约 18.6 年沿黄道运动一周。在那段时间内，黄道和白道的交角发生周期性变化；在这些变化中，其中一个周期的变化被叫作回动，其变化量大约为 9 弧分（minutes of arc），石器时代的天文学家就熟知它。继续读吧！

A（不十分理解上面的解释）："桑恩的研究结果是多么令人烦恼……因为它们不符合整个 20 世纪通用的关于欧洲史前史（prehistory）的概念模型……"

B：好了，那说得非常清楚了。阿特金森"烦恼"（disturbed），因为他不能理解的一个理论不适合于他——但是，等一下，现在有一个更有趣的段落！

A："因此，几乎不用大惊小怪，许多史前史学家（prehistorian）或者无视桑恩的研究结果，因为他们不理解它们；或者，他们反对它们，因为这样做更舒适……"

B：好了，你这里念的是白纸黑字：拒绝新思想，是"因为这样做更舒适"——而且，这正是有学问的先生们最强的能力。然后，人们又能信任医生，因为医生说毁容致残的手术是救治疾病的最好方法，对吗？然后，人们又能相信核科学家，因为他们确保所推荐的核反应堆是安全的，对吗？然后……

A：我认为你在小题大做。阿特金森是特例……

B：但是，他使我们明白："科学的心灵"（the scientific mind）如何工作，以及它遇到什么障碍。以某一研究领域的科学家为例。他们有几乎从不受质疑的基本假设；他们有观察证据的方式，而且把这些方式看作唯一固有的方式；研究在于使用这些基本假设和基本方法，而不是分析检验它们。实际上，从前引入这些假设是为了解决问题或消除困难，然后人们才知道如何适当地看待它们，但是，这要经历很长时间。人们现在用他们的术语界定研究，并把用不同方法进行的研究视作不正确的、不科学的和荒谬的，在这样做时，人们甚至没有意识到这些已经做出的假设。你说：科学家如果在其能力或知识范围之外夸夸其谈，那么他们经常出丑；但是，当谈到他们细致研究的东西时，就必须听从他们。哎，他们从来不研究我刚才描述的这种假设，可是，没有这种假设，他们就无法开始研究。这意味着：科学的每个组成部分都处于其外围，专业知识（expertise）根本不是论证。

A：关于你想到的这些假设，你能给我举一个例子（example）吗？

B：例如，有这样的方法论（methodology）思想：我们必须从实验研究开始，不允许理论思想来影响实验研究，我们的理论必须以实验研究的结果为基础。社会科学中的许多统计程序就是如此。很长时间以来，考古学是对工具（implement）进行分类，而对那些制造这些工具的人的心灵却没有任何假设。一种"文化"（culture）不是力图解决某些问题的心灵所构成的一种组织，而是由石头、刮痕等所组成的一种集合。然后，有这样的假设：实验缺乏可重复性不能是因为地球外的影响。波兰尼（Michael Polanyi）用明确的结果描述了许多种化学反应，在其他的实验室也重复了这些结果，还拍摄了照片，撰写了论文，但是，有一天，这种效果消失了，再也看不到了。许多化学家（chemist）认为这是一桩怪事——但是，他们不愿探寻地外原因；因为对他们来说，这完全是迷信。

A：他们具有这样的态度可能是有原因的。

B：其原因"好极了"，就像我刚讨论过的反对占星术的原因一样——没有说服力的、可笑的原因。然后，就形成这样的信念：是科学研究而不是临床经验产生更好的治疗方法。与该信念密切相关的，是这样的思想：每种疾病都有直接原因，而且这种原因是高度理论化的，必须被发现。诊断应该是发现这种直接原因——这就是我们为什么有 X 射线诊断、探索手术、活组织检查和类似程序。

A：好吧！否则，你将如何发现正在发生什么？

B：例如，通过检查脉搏、尿液、皮肤肌理……

A：用这种方法，你根本无法发现引起疾病（illness）的特定障碍。

B：但是，谁说疾病是由能被定域的事件引起的？疾病可能是生命过程的结构调整，它无可定域的原因，尽管它涉及许多可定域的变化；最好的诊断可能来自观察身体的总体（诸如体重、脉搏、肌肉紧张度等）变化。

A：我们的认识比那些更深入。微观生物学（microbiology）……

B：微观生物学处理可定域的事件（localizable event），正好忽略了我正在谈论的过程。

A：但是，人体和生命过程是由微观生物学过程构成的。

B：这是一种假说，它在某一领域很成功——但是，谁说它在这一领域之外将继续成功呢？分子生物学的结果是人们沿着最容易的途径而获得的结果。只是把复杂问题抛在一边了。

A：我们必须发现这些复杂问题！

B：让患者付出代价？

A：你什么意思？

B：好了！显而易见，你的医学的功效将依赖于你的假设是否适当。试图把不适当的假设推展到极限可能会严重伤害患者（patient）。再说，我们将用这种方式来发现极限，这也是非常可疑的。

A：为什么？

B：哎！一位医生诊断，然后治疗（或许做大手术）；他完成治疗，得到某些结果。假定结果是患者剩下损毁的身体，又跛行五年，然后去世了。谁能告诉那位医生失败了呢？

A：有对照组（control group）研究。

B：你在哪儿得到这些对照组（医生把致残当作他们的义务，患者把受残当作他们的权利）？以梅毒（syphilis）为例。它长期被认为是一种最危险的疾病。在现代抗生素（antibiotic）出现以前，经常用一种严重伤害身体的方式来治疗它。然而，只是最近才发现：在未治疗的患者中，85%的人有正常寿命，而且，超过70%的人在去世时没有这种疾病的任何病症。同样的情况也出现在其他疾病中，治疗严重伤害了身体。许多男人患前列腺（prostate gland）癌。这种肿瘤被限制在很小的范围内，没有损害健康。医生（尤其在德国）建议定期做活组织检查（biopsy）——"仅仅是为了稳妥起见"。活组织检查经常使肿瘤的组成部分移动位置，在身体的其他部分出现转移（metastases），更危险的癌症形式开始扩散。同样，这也适用于许多肿瘤的切除，尤其适用于乳腺癌（breast cancer）治疗中的所谓哈尔斯特德方法（Halstead method）。那些切除是不必要的，它们诱发危险而又经常是不可控的过程。所有这一切都是因为这样的一些假设：医疗界认为它们是理所当然的，甚至都没有认识到需要对它们进行仔细分析研究。

A：这样说来，有什么解决办法？

B：非常简单——让人们做他们想做的。

A：你什么意思？

B：在这个世界上，有许多种医疗形式。

A：你指的是——巫医（witchdoctor）等？

B：嗯，事情不完全那样简单。有许多科学家不知道的医疗形式，它们发展得有条不紊，以某种哲学为基础，很长时间以来一直非常突出。

A：有例证吗？

B：例如，在欧洲和美国存在的霍皮医学（Hopi medicine）、针灸、各种形式的草药医术学（herbalism），还有信仰疗法（faith-healing）……

A：信仰疗法？你不会认真吧！

B：你对它了解多少？

A：嗯，不太多……

B：可是，你却大喊大叫。好好听着！有结构疾病（structural disease）（西方医学把它们归类为循环疾病），它们导致针灸经络（acupuncture meridian）移位。经络的位置能够通过电来确定——沿着经络的表皮电阻比其他地方小。现在，人们已经发现：在用信仰疗法治疗过程中，治疗者的经络发生变形，变形方式完全跟病人的相同——可以说，信仰治疗者接管了疾病，但他的身体足够强壮，从而能克服疾病，所以，最终他和病人都被治愈了。然后，有顺势疗法（homeopathy），有水疗法（water treatment），还有许多种其他的医疗形式。它们都有一个共同点：其诊断方法没有干扰身体，它们的治疗方法绝没有西方医生的疗法那样剧烈。因此，先试试它们是明智的。

A：你建议医生把他的病人送到巫医那儿。你提这个建议是认真的吗……

B：瞧！亲爱的，你的用语仅仅表明：关于医学史及存在的各种医学学派，你知道得多么少！你几乎不了解任何医学，也很少懂得科学，但你却认为唯一正确的医学是科学医学（scientific medicine），并诅咒其他医学。对这类其他医学，你也一无所知，但你却说它毫无益处，充满迷信，贻害无穷。所以，你送了它一个你可能想到的最糟糕的名称，即你讲到的"巫医"（witchdoctor）。这正好揭示你的无知（这样说，对不起）。但是，情况却糟糕得多。迄今为止，我只是讲到在西方社会（在英国、美国、法国等）人们所遇到的情况。但是，同样无知的攻击设法变革全部文化，并使其适应一种文明生活的思想。自从发现不属于西方文化和文明圈的人们以来，必须告诉他们这个真理（意指他们的征服者的主流意识形态）几乎成为一种道德义务。这个真理首先是基督教（Christianity），其次是科学技术宝库。现在，被这种方式扰乱其生活方式的人们已经发现了一种方式：这种方式不仅是生存，而且赋予其生存以意义。总的来说，这种方式比那些技术奇迹有益得多，因为那些技术奇迹是强加给他们的，并带来了如此多的苦难。西方意义的"发展"（development）可能在各地带来一些好处，如在控制传染病（infectious disease）方面——但是，下面这种盲目的假设却是一种灾难：西方思想和技术本质上就是好的，因此，能被强加给他们，而毫不考虑当地的条件。顺便说一句，这就是我为什么总是谈到占星术的原因。我对占星术没有特殊爱好，这个领域内写的许多东西极其令我厌烦。但是，占星术是一个很好的例证，它说明了科学家如何处理超越他们知识或能力范围的现象。他们不研究这些现象，只是诅咒它们，而且还暗示他们的诅咒是以强有力的简单论证为基础的。现在，再回来谈医疗的情况：在西方，病人现在总是必须在可供选择的医疗意见（alternative medical *opinions*）之间进行选择。所以，他们为什么不应当扩展他们的选择，在可供选择的医疗系统（alternative medical *systems*）之间进行选择呢？他们将不得不承担后果。无法保证科学医学有唯一正确答案，有许多理由担忧所推荐的治疗。此外，可供选择的医疗系统经常是全部传统的重要组成部分，它们与宗教信仰相联系，并给那些属于该传统的人的生活赋予意义。自由社会（free society）是这样的社会：在其中，所有传统（tradition）都应当被赋予平等的权利（equal right），而不管其他传统如何看待它们。所以，尊重他人的意见、两害相权取其轻、抓住进步的机遇——所有这些事情都表明支持让全部医疗系统与科学进行公开自由的竞争。由此你获得了答案来回答我们开始提出的那个问题：谁将决定健康意味着什么、疾病意味着什么？你说：医生，而且是科学医生（scientific physician）。我想说：健康和疾病是由健康人或病人所属的传统来决定的，并且在这个传统内，又通过特定的生活理想，个人为他自己来决定。仅仅只有在"学习"这些特定的生活形式之后，而且学习它们必须像人们学习一种语言那样参与构成那种语言的活动，然后，才能科学地研究它们。在这里，从前的家庭医生（old house physician）的优势非常明显地突显出来了：他认识他的病人，了解他们的癖性和信仰，知道他们需要什么，并且已经学会如何去满足这种需要。与他相比，现代的"科学医生"像法西斯独裁者，他们趁着治疗强加他们自己关于疾病和健康的思想，而在大多数情况下，这种治疗仅仅是一种无益的练习。正因为全部这些原因，所以，你明白这是必需的：把教学或新观点介绍与保护工具结合起来。一位好的教师将不仅让人们接受一种生活形式，而且他还给人们提供正确看待（in perspective）这种生活形式的方法，或许甚至还提供给人们拒绝它的方法。他将设法影响和保护。他不仅宣传他的观点，而且补充因素以减弱他的观点所带来的破坏性，从而保护人们避免被它们征服。

A：这是最荒谬理论——这在心理上是不可能的！你想引进新思想。你在敌意的环境中讲话。所以，你必须把你武装得尽可能强大。可是，你却想给你的对手（opponent）补充"弹药"……

B：……当然，也必须"拆除引信"！我承认我力图争取的东西可能是乌托邦（Utopia）。你知道——我不是只想用一种狂人（maniac）来取代另一种狂人——基督教徒（Christian）取代犹太教徒（Jew）、怀疑论者取代独断论者（dogmatist）、佛教徒（Buddhist）取代科学家，而是想终结一切狂热（mania），终结人们支持狂热的态度，因为这些态度使得狂热的宣扬者容易成功。

A：你意指什么态度？

B：我经常在旅行和讲座中接触到这些态度。我告诉人们：某些组织社会的方式是不明智的，而且支持这种组织方式的论证也不是有效的……

A：你只是想用你的方式来欺骗他们。

B：不对。我用他们理解的论证来分析他们所持的观点，并证明：根据这些观点自身的标准，它们没有发挥作用。此外，我总是听到这样的问题："我们现在做什么？"

A：这是一个正当的问题。

B：对于成人而言？

A：难道你没有谈到学生吗？

B：但是，这没有关系。如果一个人（18 岁或 18 岁以上）在不知所措时问道"我将做什么？"，期望某一讲座者给他一个答案，但那位讲座者却说"为什么你自己不寻找一个答案呢？"，此时他变得心烦意乱，那么，这表明：我们的教育系统（educational system）在什么程度上把人变成羊，而在何种程度上又把知识分子和教师等变成牧羊犬。

A：但是，终有一天羊会成熟起来……

B：……变成牧羊犬，对任何没有接受他们已接受的信仰的人狂吠不止，尽管他们仍处在羊的状态——你把这称作"教育"？

A：人们将如何学习任何东西？

B：让他们自己学习。

A：不过，必须有人来教他们……

B：……没有把他们变成教师狂热的肉体复制品。

A：但是，有许多宽容的好教师，他们是谦恭的，不强加思想……

B：谦恭的人最坏。

A：好吧，如果你不喜欢谦恭的教师——那么，你喜欢什么？

B：从前认为必须把思想"打压"进人们的头脑，你知道吗？

A：知道。我读到过这方面的东西——但是，这些时代已经过去很久了。

B：现在，我们有不同的方法（method）。

A：我们设法使学生感兴趣，设法使教学程序适应学生的自然发展和好奇心（curiosity）……

B：……当然，这些现代教师将是非常谦恭的。

A：他们是这样。他们是批判的和谦恭的。

B：这些谦恭的教师教什么？

A：嗯，物理学（physics）、生物学（biology），等等。

B：在医学方面，他们教什么？

A：解剖学（anatomy）、生理学（physiology）……

B：……针灸？

A：肯定没有。

B：占星术？

A：我们正在谈论科学。

B：这样说来，你的优雅谦恭的教师们所做的就是更有效地欺骗他们的学生。但是，主题保持不变，并用同样片面的方式来看待这一主题。这不仅适用于科学教学，而且适用于所教的任何东西，其中包括"民主德行"（democratic virtue）。

A：你也反对基本的公民德行教学，你的意思是这样吗？

B：是的，我反对——如果用前面描述的方式进行教学。

A：你反对关于人道主义态度（humanitarian attitude）的教学吗？

B：如果没有正确分析透视人道主义（humanitarianism），如果在教授人道主义时人们没有受到保护。

A：好吧！如果人们没有某些基本的约束，那么，你希望他们如何生活在一起？

B：人们如何在路上不相互撞车？

A：制定交通法规（traffic law）。

B：例如，在街道右侧驾车行驶。

A：对。

B：他们必须受这些法规约束吗？

A：嗯，他们必须遵守它们……

B：我的意思是：在道路右侧驾驶是唯一的行进方式，它也是一种基本的人类活动；而在左侧驾驶却是下流的、非理性的、邪恶的和不公正的，你这样认为吗？

A：当然不是——现在，你想说的是：在社会整体上，为了预防交通事故，形成必要的约定，应当用与此完全相同的方式来看待诸如诚实、体面（decency）、真理这些思想。

B：不完全如此。我不仅想说明它们现在的作用，而且想要人们了解它们过去的情况；我想让人们了解在它们的帮助下所得到的东西，也想让人们了解引进和强推这些观念时所丧失的东西。人们必须知道它们的优势和劣势。当个人或特殊群体完全以这些观念为基础选择生活时，或者，当他们选择真理成为他们的目标而诅咒其他观念时，我不反对，那是他们的正当权利。但是，我反对把局部的狂热转变成整个社会的基础。

A：你反对人道主义吗？

B：我反对使人道主义成为诸如美国这样一个社会的意识形态（ideology）的组成部分，因为美国这样的社会包含来自许多不同传统的人。而且，我甚至更加反对力图把人道主义强加给那些以不同方式生活的部落和民族。当然可以让人们听听人道主义，让其布道者设法使人们相信它是值得考虑的唯一信条……

A：好吧，还有什么别的信条吗？

B：例如，敬畏神，与自然和谐，它们不仅是人类的信条，而且是所有生物的信条。一位西方人道主义者很愿意虐待动物，以便他可以找到治疗他自己的方法；而一个人如果敬畏整个自然王国，那么他就会否认人类有权利使其他物种遭受其怪念头折磨，即使这样做意味着给他们带来很大的不利。

A：但是，如果你不教给人们一些德性（virtue），那么，他们应当如何在一起生活而没有相互杀戮呢？

B：我不是说不应当教德性，而是说应当像教交通规则那样来教德性……

A：这意味着你想要人们看起来好像有德性，但实际没有德性。

B：那是一个社会（society）（甚至一个世界政府）平稳运行所需要的全部东西。

A：例如，你不想教人们敬畏人的生命，只是不想要人们杀人。

B：那可能是一个例子。

A：你想要社会由说谎者（liar）和演戏者构成。

B：如果人们想在法律没有涵盖的领域说谎（例如，当他们不是在法庭作证时），那么，那是他们的私事。此外，我所建议的东西没有自动引诱说谎。如果法律禁止杀人——正如我所说的，那是一个交通规则——那么，全部所需要的就是遵守法律，而不管其原因是什么。一些人可能关于他们的动机撒谎；另一些人可能公开说他们想把看见的每个人都杀掉，但对如何做这些事没有把握；还有另一些人承认对某些人有怨恨，想杀掉他们，但更厌恶监狱。

A：但是，这样的社会如何运行？

B：惩罚犯罪，强大的警力来保证法律得到遵守。

A：这样，你表面上的自由主义（liberalism）原来只限于思想。在社会整体上，压制跟从前一样糟糕。

B：交通法规是压制吗？

A：不是，但……

B：必须遵守交通法规，必须处理违反者。你想要把每个人变成德性僵尸。想要达到那样一种状态的教育将是现存的最暴虐的工具，你难道没有认识到这一点吗？它将消除人性中与德性不符的全部成分，将使一个能在善（Good）和恶（Evil）之间进行选择的人变成总是做正确事情的计算机。它将意味着杀死真实的人们，并用思想的化身来取代他们。今天所知的教育没有这种效果，这是我们为什么总是需要警察的原因。你所考虑的教育将用洗脑规程（brainwashing procedure）取代外部约束，然而，外部约束控制行为但不伤害心灵，可是洗脑规程却束缚人的一切。哪一种手段更反对自由（freedom），这很容易看出来。

A：在你的这种社会中，将引入什么样的法律和什么样的戒条（commandment）？

B：这不是由我来决定，而是由生活在这个社会中的人们来决定。所提的建议也将随着历史状况的变化而变化。将必须有妥协折中，将必须找到适当的平衡（right balance）……

A：你把这种平衡称作"适当"（right）的平衡，是根据什么标准的？

B：不是我把它称作"适当"的平衡，而是相关的人们把它称作"适当"的平衡。为了处理他们发现他们自己所处的情形，他们可能必须发明标准。他们将依照他们自己发明的标准把它称作"适当"的平衡。

A：你的处境是非常舒服的。你先是说大话，但当有人问你更详细的问题时，你却回答说：提建议不是你的事。

B：你们的（在这儿，我意指你和你的知识分子同类）规程是要发展理论、伦理系统（ethical system）、人道主义哲学（humanitarian philosophy），以及在你们办公室里构想出的诸如此类的东西，并以"教育"（education）为幌子把它们强加给其他人，而我却想要人们发现他们自己的路。我所做的一切就是要排除知识分子设置在他们路上的障碍；而你却想要改变行为习惯，直到它与你的成见一致。当然，你必须有一个计划，而我却能把社会组织化留给其自身的制度。然而，我把真正的教育理解为这样的教育：它告诉人们"正在发生什么"，而同时设法保护人们不要被这种"正在发生什么"的故事征服。例如，它告诉人有诸如人道主义（humanitarianism）之类的东西，但它也设法增强人们的能力，以便看到这种思想的界限。

A：你能给我解释一下你意指的那种教育吗？你将使用的保护工具（protective device）是什么？

B：保护装置随受教育者的知识状态而发生变化。对于小孩，你仅仅一开始告诉他们童话故事（fairytale）：关于世界起源及其结构的神话故事、宗教故事、科学故事……

A：这样，你已经需要一种语言（language），而且将在没有你的"保护工具"（protective device）的情况下来教授那种语言。

B：根本不是这样！免于被一种特定语言欺骗的最佳保护工具是要用两种语言或三种语言来教育培养。

A：非常困难！

B：如果环境（circumstance）合适，就一点也不困难。

A：几乎没有合适的环境……

B：例如，在美国的某些地方，常常有合适的环境，但却强调一种语言，淡化别的，这种趋向势不可挡。孩子在成长过程中，不仅应懂得许多种语言，而且也应懂得各种各样的神话（包括科学神话）。

A：你将选择哪些神话（myth）？

B：再说一遍，不是我选择，而是那些地方的人们进行选择，他们将依照他们的愿望进行选择。

A：但是，他们如何选择，需要教育。

B：每个群体都有聪明人，都有其自己的选择方法——让他们发展这些方法。

A：你又没有给出答案。

B：因为你又想要我把一种生活强加给别人……

A：……但是，这是你一直在做的事情。

B：不——我说的全部就是：让人们走自己的路，我批判理性主义者，因为他们想要把人们逼迫到别的方向。

A：好吧！继续讨论你所谓的保护方法（protective method）。

B：对于已经具有确定信仰的成人来说，幽默（humour）是一种巨大的缓解压力的力量。

A：那就是为什么你的书和文章如此充满冷笑话（bad joke）的原因吗？

B：对不起！我的笑话没有使你高兴，但是我的文章不是为你而写。幽默是最伟大和最人道的保护装置之一。苏格拉底（Socrates）对其理解非常深刻。他在其《申辩篇》（Apology）中发展了他的观点，但是，一旦它们可能要压倒听众，他就用笑话来削弱它们的影响。阿里斯托芬（Aristophanes）用好笑的形式来呈现严肃的问题——他使人们思考，但防止人们被他的观点欺骗。艾伦（Woody Allen，1935—　　）是现代的典范，他在最近的一些电影中就是如此，例如《霍尔》（Annie Hall）。如果幽默和认知内容（cognitive content）组合恰当，那么，它一点也不会给人们带来阻碍——人们理解主题思想，认真对待它，认识到其局限。对于美国人来说，马克·吐温（Mark Twain，1835—1910）和罗杰斯（Will Rogers，1879—1935）不仅是有趣的人，而且是有智慧的聪明人。过分理智主义（intellectualistic）的方法会造成伤害，这方面最明显的例证是布莱希特（Bert Brecht，

1898—1956）。他看到了幽默的作用，他的理论作品中包含了最有趣和最敏锐的相关评论——但他没有运用。缓解主题思想（message）压力的另一种方式是运用宗教（religion），通过宗教来揭示自然和人工作品之间存在的巨大差异。我们不仅是我们所在社会（社会永远不会完全符合于我们的天性）的秘密主体，而且是自然界中的主体（agent），总是设法使自然界符合于我们过分简单化的观念，但从来不能成功。使我们意识到这种状况的宗教是一种反制人类自负的强有力的保护工具（protective device）……

A：你思考出来的思想多么荒谬！通过使人们嘲笑你所教的东西来进行教学，通过使科学与宗教混淆来毁灭科学，人是"世界和社会的秘密主体"……

B：好吧！非常明显，你从未听过这些思想。

A：它们完全是多余的，因为你正在寻找的保护工具已经存在，而且比你这些奇思怪想好得多。

B：是这样吗？它们可能是什么？

A：批判理性主义（critical rationalism）。

B：老天救救我吧！

A：老天救救你吧！批判理性主义恰好给你提供了你正在寻找的工具（instrument），它告诉你：你对待思想的态度应当是一种批判态度；理论越容易批判，其呈现就越醒目显眼。它鼓励那些有新思想的人用最坚定的可能方式大胆引进新思想。这样，你能两者兼得！你能为你的观点构建成功的事例，你不需要犹豫，不必小心翼翼，也不需要害怕欺骗你的听众，因为你的呈现（presentation）的本身力量将容易使他们发现差错——如果他们是批判的，就是如此。

B：它看起来不是那样。

A：你什么意思？

　　B：嗯，根据你的描述，人们愿意假定批判理性主义者（critical rationalist）的心灵是自由的：他们的写作风格鲜活，活力四射；他们考虑了理性（rationality）的界限；他们反对科学力图统治社会；他们已经发现了呈现其观点的新方式；除了论文，他们还最充分地运用媒体（media）、电影（film）、戏剧（theatre）和对话；他们已经发现了情感（emotion）在话语中所具有的功能；许多其他诸如此类的东西。此外，人们还愿意假定批判理性主义者是一种有趣运动的组成部分，这种运动有助于人们追寻自由和独立，并让人们发挥最大潜能。然而，我真正看到的却只是另一群枯燥乏味的知识分子（intellectual）：他们用"患便秘"的（constipated）风格来写作；他们重复几个基本的词组，令人厌烦（*ad nauseam*）；他们主要关心围绕诸如逼真性（verisimilitude）和内容增加（content increase）之类的理智主义怪物（intellectualist monster）来发展。他们的学生或者是胆怯的，或者是令人讨厌的（这取决于他们遇到什么样的反对），缺乏想象力。他们没有"批判"（*criticize*），也就是说，他们没有发明透视观点的方法；他们利用标准演讲来拒绝不适合于他们的内容。如果主题是陌生的，不容易处理，那么，他们就像一条狗看见其主人穿了陌生的衣服一样会变得困惑起来：他们不知道该做什么——应该跑，应该吠叫，应该咬主人，还是应该舔主人的脸？这种哲学完全适合于年轻的德国知识分子。这些知识分子是非常"具有批判性的"（critical）人；他们反对许多东西，但他们因过分胆怯害怕而不能承担其公开抨击的责任，所以，他们寻找某种安全。有影响的学派的"子宫"（womb）保护批判者免受其批判所带来的反冲，现在，有比它更安全的什么地方吗？批判理性主义甚至看起来本身就有科学的权威，因此，有什么是比它更好的"子宫"吗？确实，东拉西扯（rambling）既不正确也不是批判：科学史上，没有一个有趣的事件能用波普尔学派的（Popperian）方法来说明；而且，批判理性主义也没有一次尝试用正确方法来看待科学。这种"哲学"（philosophy）只是科学的忠诚仆人，但不是其非常敏锐的仆人，正如从前的哲学是神学（theology）的忠诚仆人，但不是它极其敏锐的仆人。总体上来说，批判从未指向科学（正如从前的哲学总体上也从未指向神学一样）；大部分时间，批判或者指向竞争的哲学，或者指向科学自身中还没有流行的新思想——在这两种情形中，都避免与科学的主流（mainstream of science）相冲突。

所有这些缺点都没有关系，我们的新知识分子既没有想象力，也没有胆量，更没有历史知识来注意到这样的情形：如果与理性主义传统（tradition）相比，批判理性主义的发展状况是如何糟糕。莱辛（Lessing，1729—1781）也是理性主义者——但是，他们之间有天壤之别！莱辛意识到了学派对思想的阻滞作用，所以，他拒绝成为学派的创立者。与此相似，早期的一些医生不想让他们作为医治者的能力因坚持一个学派的教条而受到损害，所以，他们把自己看作一种能向任何方向发展的"趋势"（trend）的组成部分。莱辛认识到学术关系的阻碍作用，因此，他拒绝接受教授职位。他想"像麻雀一样自由"，即使那意味着孤独和挨饿（starvation）。他注意到：一种"哲学"（philosophy）如果是一个思想系统，那么，它就只会抑制他的创造性；所以，他让所讨论的情形来决定讨论方式，而不是反着来。对于他而言，理性是一种解放的工具，但必须不断重塑这种工具——它不是不考虑环境而强加的一种抽象形式。莱辛赞赏某些哲学，如亚里士多德（Aristotle）对戏剧（drama）的解释；但是，在它们的范围内，如果一种新的存在形式（此前未听说过的戏剧程序组合）具有强大的内在生命，足以引起标准改变，那么，他愿意修改它们，甚至抛弃它们。把这样的自由人与占据德国和法国思想理智舞台的焦虑的波普尔学派的蛀虫相比，真是天壤之别！两者在自由、创造性（inventiveness）、能力和品性方面的差异是多么大啊！

莱辛的哲学是一种生活方式（a way of life），他的理性主义是一种工具：这种工具不仅净化情感，而且改善思想；它不仅改进表达形式，而且还提升思想；它不仅改善具体环境，而且发展一般原理。然而，波普尔学派却把他们限制于自己喜欢称之为"思想"（idea）的东西内，甚至还有人成为几个被错误理解的科学口号的奴隶。这是一种最糟糕的学派哲学（school philosophy），是一种呆滞、奴役、狭隘和无知的意识形态。当然，当思想登上学术舞台时，学派哲学常常就出现了——但是，就我们所谈的情况来说，该学派的创立者不是一点也不应受指责。仅仅思考一下波普尔描述其思想起源的方式：他作为一个年轻的思想家在维也纳（Vienna），看看他周围的思想理智环境。他发现了马克思主义（Marxism）、弗洛伊德学说（Freudianism）和相对论（the theory of relativity）。它们都是给人留下深刻印象的理论，但他注意到它们之间存在奇异的差别：马克思主义和精神分析（Psychoanalysis）好像在其范围内能解释任何事实；另外，相对论以这种方式来建构，以致某些事实意味着其失败。年轻的卡尔（Karl）认识到——科学与非科学（non-science）之间的差别正在于此：科学是猜想的和可证伪的，非科学不能被证伪。目前为止，我是对的吧？

A：是对的——但是，我希望你抑制你的讽刺挖苦倾向。这些都是重要的发现（discovery）。

B：它们是不是发现，它们是不是重要，我们马上就明白了。首先，从未有一种波普尔所描述的庞大的"精神分析"。弗洛伊德（Freud，1856—1939）在开始时是孤独的。他有某些思想，他发展它们、检验它们、修改它们。弗洛伊德和布罗伊尔（Breuer，1842—1925）的那个理论是这种发展的早期阶段。根据该理论，歇斯底里（hysteria）是由骇人事件导致的，因而能通过帮助病人回想事件来治愈。该理论没有存活下来，因为发现了如下现象：回想事件并不能总是满足需要，所声称的治愈只是使某些症状用别的症状来代替。因此，弗洛伊德又修改他的理论。然后，他的学生和合作者开始批判他。我们就得到了个体心理学（individual psychology）和荣格（Jung，1875—1961）的心理学。相对论从未带来如此的观点增生（proliferation）和如此大量的批判。正好相反，当狭义相对论（special theory of relativity）遇到其第一个困难时，这并未给爱因斯坦（Einstein，1879—1955）留下深刻印象。他强调这个理论是简单的，在他看来它是有根据的，他不会放弃它。后来，当他用嘲弄的方式来称呼检验程序（test procedure）时，他嘲笑了那些人，因为"几乎毫无效果的证实"（verification of little effects）却给他们留下了深刻的印象。因此，你看到，波普尔对历史情形的解释并不是非常深刻，甚至在表面上也是不正确的……

A：但是，这仅仅是动机（motivation）……

B：如果一个人的动机表明他不知道他在谈论什么，那么永远不要信任他。

A：你一定做得比那好！你必须证明波普尔最终提出的理论像他的动机一样是不适当的。

B：那一点也不难！波普尔声称他解决了休谟问题（Hume's problem）。

A：但他确实解决了它。

B：或许他解决了它，或许他没有解决它。至少，薛定谔（Erwin Schrodinger，1887—1961）说他没有解决它，而他想把《科学发现的逻辑》（Logic of Scientific Discovery）的英文版献给薛定谔。

A：你怎么知道这事？

B：我与薛定谔一起吃午饭，他带了波普尔的这本书，指着它，怒气冲冲地说："波普尔以为他是谁？他声称他已经解决了休谟问题。他压根没有做这个事。现在，他想把这本书献给我！"

A：好了，科学家不是哲学问题的最佳裁决者！

B：我同意——但是，当波普尔学派的成员支持波普尔时，他们就高呼："看！多少诺贝尔奖获得者赞美我们敬爱的领袖！"然而，波普尔是否解决了休谟问题，这没有关系。解决休谟问题与如何理解科学活动的方式没有关系。

A：没有关系吗？

B：绝对没有关系！休谟问题来源于一种特殊的哲学状况。科学在休谟之前很早就出现了，并没有因为休谟问题没有解决就畏缩不前，而是独立于为解决它所提的各种建议而发展。我们能容易理解其原因。休谟问题是：一般陈述（general statement）如何在其有限数量例证的基础上能被证明为正确的。辩护（justification）被认为是一种程序，而这种程序遵循能被详细说明的规则。我们"确定"（establish）一个人的品性（character），不是通过收集其行为的例证并运用规则来得到一般的判断，而是，在某种程度上，我们"感觉"（feel）认识一个人品性的方式；而且，我们不得不如此，因为一个人的品性仅仅很少明确显示自身。例如，我们可能有理由（reason）相信他是一个好人（这里，"理由"并没有意味着例证），但在别的场合，他看上去却是无情残忍的。我们可以忽视这些场合，假定（没有许多证据）它们具有欺骗误导性，没有给我们提供这个人的真实说明；我们可以为它们辩解，说（又没有许多证据）他的残忍是非常有理由的，因此不是真正的残忍。

A：所有这一切都属于发现的与境（context of discovery）——每个人都承认这种与境是（而且一定是）如何充满奇异的事件……

B：好吧——不过，你也必须承认你所谓的辩护与境（context of justification）（即这种情形：在你有高度确证的明确例证和清晰的概括时，问二者有什么样的关系）是一种几乎在实践中从未发生的理想情形，至少是在波普尔所热爱的科学组成部分（一般的抽象理论领域）中几乎从未发生的理想情形。我们在实践中所得到的是下面这些：理论，偶尔用非常模糊的术语来表述［想想玻尔的旧量子论（Bohr's older quantum theory）］；指向各种方向的证据；判断（judgment），指出什么可靠、什么不可靠。我们在此基础上来接受理论。纯粹的休谟情形几乎从未发生，因此，解释这种情形很少会促进我们对科学的理解。用一个更简单的例子来说明，休谟问题是：我们如何在 n（n 是某一个有限数）只黑渡鸦的基础上来证明"所有渡鸦都是黑色的"。而科学家面临的问题是，在下面这种情况下，什么与"所有渡鸦都是黑色的"相关：当所呈现的是 n 只鸟时，它们中绝大部分明显是渡鸦；一些虽然表面上看起来是渡鸦，但相当可疑，而在这些渡鸦或假渡鸦中，一些是灰色的，一些是黑色的，一些甚至是白色的，还有一些颜色闪烁，无法辨认。

A：好了，这种情形是清楚的——有白渡鸦，所以，"所有渡鸦是黑色的"是假的。

B：这是哲学家论证的方式，但科学家不这样论证。"所有渡鸦是黑色的"可能适合于一种具有高度美和对称的理论系统，因而科学家可能保留它（尽管存在渡鸦），并进一步详细阐述它。

A：没有科学家那样做！

B：爱因斯坦在他的理论遇到麻烦时正是那样做的——你必须坚强坚韧，否则，你将永远无法保留一个理论！因此，你明白，休谟问题出现在与科学实际几乎没有任何关系的梦境中，正如康德（Kant）的道德义务构建了一个与我们的世界完全不同的残酷的幻想世界，因为在我们的世界中，诚实受到友善的制约。

A：然而，如果我们假定这样一种态度，那么，科学哲学（philosophy of science）会有什么结果呢？

B：它将衰落，而且被历史学和一种哲学上深刻并能照顾好自身的科学所取代。遗憾的是，今天的情形非常不同，尽管四处都有希望的征兆。我们拥有的是一种哲学上不深刻的科学，它想占据宗教和神学从前所占据的地位；我们拥有的是一种科学上不深刻的哲学，这种哲学赞美科学，因而被科学家赞美；我们拥有的是一种怯懦的宗教，它不再是一种世界观（world view），而变成一种社会游戏；我们拥有的艺术呼唤"该死的实在"

（Damn reality），仅仅关心伟大艺术家灵魂的崇高运动，即使其物质效果只不过就是波洛克（Jackson Pollock，1912—1956）的小便……

A：别这样！如果我们必须论证，那么，就让我们按有序的方式进行论证！你可以同时谈论 50 个想法（idea），但我却只能先处理一个想法，然后再去处理另一个想法……

B：那正是你和你的朋友（即逻辑学家）所遇到的麻烦！事物仅仅通过某种秩序（order）（特别是线性秩序）呈现出来，在整个讨论过程中，要素自始至终保持其性质不变，你们才能理解。但是，如果用完全不同的方式来塑造主题（subject matter），情况又如何呢？以音乐（music）为例，下面这些是真的：不同主题以某种秩序相互跟随，首先，它们的重复常常不是一模一样的完全重复，通过其全部变奏（variation）来辨认主题有时需要很高的技巧；其次，你不得不同时注意不同的东西。就看一下交响乐乐谱！一些人［如多贡人（Dogon）］和荣格（C. G. Jung，1875—1961）的某些追随者认为我们栖居的世界的事件是以完全相同的方式来构造的。既然那是真的，那么，像你一样的人们"只能先处理一个想法，然后再处理另一个想法"，就处于非常不利的地位，他们将不得不学会用新的方式来思考。好了！你至少是诚实的，承认有某种缺点，而且请我用能使你参与的方式来安排我们的讨论，尽管你有缺点……

A：我的意思不完全是那样……

B：但是，你明白我的观点，难道不是吗？现在，你的这个要求（调整这个讨论，使之适合于你的能力）当然完全是正当的。这样的要求是非常显而易见的。从高尔吉亚（Gorgias，约公元前 483　前 375）到毛泽东主席（Chairman Mao，1893—1976）的每位修辞学家（rhetorician）都告诉讲话者：他必须考虑他的听众，用听众最容易理解的方式来呈现他的思想。然而，你们逻辑学家（logician）却唱不同的调子。这些逻辑学家也有你的缺点，有许多他们不理解的事情，他们真正理解的事情很少。但是，他们不是去努力学习，而是宣称他们真正理解的事情是唯一能被理解的事情。由于某种原因，他们几乎使其他所有人都确信他们是对的，所以，我们现在看到奇怪的壮观场面：盲人在教给其他所有人最有效的方式，以使其他人变得像他们一样成为盲人。然而，让我们回到我们的主题（main topic）。我们的主题是什么？

A：你知道，如果没有人不断地帮助你回到出发点，那么，你甚至连与你自己会话都不能进行下去……

B：不，不，等会儿，我现在想起来了。我说过：对我们而言，科学和科学发现看起来是重要的，仅仅是因为我们已经习惯于认为它们是重要的，因为它们是……

A：你在这儿停一下，现在我就提出第一个反对理由："人类已经能在月球上行走"这一事实给人们留下深刻印象，我认为这不是习惯造成的……

B：你错得太离谱了！当先知（或者早期的基督教徒，甚至或者普通的多贡人）能跟造物主自身谈话时，两个人围绕一块干瘪的石头跌跌撞撞给其留下极为深刻的印象，你能想象这种情形吗？或者，请想想诺斯替教徒（Gnostic）、赫尔墨斯神智学的信奉者（Hermeticists）或阿凯巴拉比（Rabbi Akiba，约 50—135），他们能指引其灵魂离开他们的身体，沿着天球层不断上升，把月亮远远甩在后面，直到他们面对完美无比的上帝。嗨，这些人会为这种奇怪的活动而笑掉大牙：它需要无数的机器、成千上万的助手、多年的准备，但为了达到什么目的呢？在心智正常的人不会去实地考察的地方，参加几个笨拙而不舒适的短途旅行……

A：别瞎说了！你真要把几个古代狂人的胡言乱语与今天的科学成就进行比较吗？

B：多么奇葩啊！你首先装作想进行论证的理性主义者，但现在我给你一些论证的材料，你却说出恶言，说我滥用材料……

A：因为你坚持提出荒谬的陈述。或者，你想要我相信你认真对待这些理论吗？

B：我认真对待什么，我没有认真对待什么，在这儿根本不是问题，而问题是：登月旅行（moonshot）给我们留下深刻印象，是因为我们习惯于这类事情给我们留下深刻印象，还是因为它们（我不知该怎么说）"本质上就给人留下深刻印象"。

A：那正是问题。

B：好了，我给你举过关于某些人的例子：这些人因为其背景不同，这种太空壮举根本没有给他们留下深刻印象。

A：那又怎样？

B：难道你还不明白？如果某事"本质上就给人留下深刻印象"，那么，它必定给每个人都留下深刻印象……

A：除非偏见（prejudice）蒙蔽了他……

B：早期的基督教徒也是被偏见蒙蔽了吗？

A：你几乎不能认为他们是客观的。

B：哎，对你而言，"是客观的"意味着……

A：愿闻高见。

B：啊哈，请告诉我，你认为你愿意听取意见吗？

A：是的，很愿意！

B：愿意听取意见意味着愿意考察分析各种观点的优点和缺点，不管它们乍看起来是多么奇异，不是这样吗？

A：是这样。但是，这并不意味着使牢固确立的事实与怪诞的童话故事比较，并设法从这种比较中得到一些争论的好处。当我说登月旅行给人留下深刻印象，不是意味着给任何碰巧看到的傻瓜都留下深刻印象，而是意味着给下面这些人留下深刻印象：他们受过最低程度的教育，要具有判断那些问题及相关成就的理性基础。哎呀，推广你的论证，人们也可以拒绝认为登月旅行有重要意义，因为地球上的每只狗都一切如常地处理自己的事情……

B：当你说认为登月旅行给人留下深刻印象时，你承认宇航员（astronaut）真正到达了月球（Moon）。

A：当然。

B：同时，你否认任何人曾经利用精神投射（spiritual projection）经过月球而到达上帝那儿。

A：自然是这样。

B：当然，你有很好的理由承认一个而否认另一个。

A：最好的理由！几百人看见火箭发射了，数百万人在电视上看到了那个事件；肉眼一看不见火箭，太空跟踪站（tracking station）就跟踪它。与宇航员保持会话……

B：你否认精神投射的真实性，你可以谈谈这方面的情况吗？

A：哎呀，像我一样，你也知道这种事情是不可能的。

B：你可能知道这种事情是不可能的，但我不知道，所以，请给我解释一下。

A（听从的样子）：我看出来了，你想闹着玩。好吧，让我们把它做完了事。正如你所讲的，这些故事假定灵魂离开地球（Earth），沿着天球层（sphere）一层一层地不断上升，直到灵魂与上帝（God）相遇，是这样吗？我如此复述你的意思，对吗？

B：对。《以诺书》（*The Book of Enoch*）假定有八个天球层，阿凯巴拉比假定有三个天球层，因此，有各种不同的描述，但是，每种描述都假定有一系列天球层。

A（得意扬扬，尽管对 B 的复杂难懂感到有点困惑）：这就是你想要的东西！

B：是吗？

A：根本没有天球层！

B（沉默）。

A：现在，我们至少已经结束了我们的那部分会话，是这样吗？

B：你听过逃逸速度（escape velocities）吗？

A：听过。

B：逃逸速度是一个物体摆脱另一个物体的吸引力并沿着抛物线轨道逃离它所需要的速度。你听过洛希界限（Roche's boundary）吗？

A：没有。

B：洛希界限是指一颗行星能接近另一颗行星而不被解体（或者使另一颗行星解体，无论哪一颗行星更大一些）的最小距离。

A：所以呢？

B：所以，我们在每个天体周围有两种"天球层"：一种在普通空间（ordinary space），另一种在动量空间（momentum space），这两种都可以很好地表示我们故事中的天球层。

A：但是，我非常怀疑这些故事的作者（不管他们是谁）想到这种关于他们的天球层的解释。

B：哥白尼（Copernicus）知道相对论（theory of relativity）吗？

A：你现在想干什么？

B：哎，请告诉我——哥白尼知道相对论吗？

A：你意指爱因斯坦的相对论还是运动的相对性（relativity of motion）那种更普遍的思想呢？

B：爱因斯坦的相对论。

A：好了，答案是明显的：哥白尼不知道爱因斯坦的相对论。

B：因此，无论他说了什么，他都不能用爱因斯坦的方式来表达其意思。

A：是。

B：请告诉我——哥白尼的理论是对的吗？

A：不完全对。他假定了一个天球（celestial sphere）——那是错的。此外，他说行星（planet）围绕太阳（Sun）转，但太阳没有围绕任何一颗行星转，这是非常正确的。

B：但是，根据广义相对论，没有优先的参照系（reference system），一种描述像另一种描述一样同样是正确的，因此，哥白尼是错的。

A：那有点太简单了。当然，不存在绝对空间（absolute space）。但是，太阳静止的参照系比任何一颗行星静止的参照系更接近惯性系，而且在这方面，前者不同于后者。

B：因此，当你说哥白尼的这种说法"行星围绕太阳转，但太阳没有围绕任何一颗行星转"是对的时，你对这些话语做出刚才已经诠释过的解释。

A：是的。

B：你知道，这种解释不是哥白尼对它们所做的解释。

A：对，它不是哥白尼的解释。

B：但是，为了对现代听众解释哥白尼的成就，你仍然使用它。

A：不仅那样，而且我需要它，如果我想从爱因斯坦的理论近似推导出哥白尼的理论。

B：你认识到（难道你没有认识到？）你正在对哥白尼所做的正是我想对以诺（Enoch）所做的——但是，你反对。

A：我有很好的反对理由！因为天国行游（celestial navigation）故事不是科学理论，尽管你仿佛非常喜爱那些故事……

B：在重新解释（reinterpretation）前？还是在重新解释后？

A：不管在重新解释前还是在重新解释后，都是这样。一个故事原则上不能拥有事实内容，但力图给这个故事赋予事实内容（factual content），这没有意义……

B：这假定了我们正在分析考察的东西：你把正在争论的命题

（proposition）转变为论证的前提（premise）……

A：不对，我不是那样，我只是补充了一个说明。这个说明是这样的：哥白尼意指的是实际事实，因此，它至少是一个可能的事实陈述，然而，你的故事具有完全不同的功能，它们与事实没有任何关系，它们甚至不可能是陈述（statement），它们是宗教幻想或寓言……

B：关于你从未分析考察过的东西，你好像知道得非常多……

A：我不需要详细分析考察那个问题，我用类比（analogy）就能说清楚。例如，我知道悲剧（tragedy）[如《阿伽门农》（*Agamemnon*）]与历史记述（historical account）不同：历史记述是一系列陈述，应该告诉实际发生了什么；悲剧包含完全不同种类的陈述，外加行动和背景等，其目的是……

B：所以，你现在也是一个戏剧专家……对吗？

A：我不是戏剧专家，而且我不必是戏剧专家，因为所有这一切都是非常基本的东西……

B：那正是伽利略的对手在批判他的运动理论时所说的话："全部都是非常基本的，我们都知道，如果地球运动，那么，我们会落在地球后面……"，等等。关于我前面谈论的态度，你真是一个绝好的范例。科学家有许多"论证"（argument）支持科学的优越地位，但人们如果仔细考察，就认识到他们的许多"论证"只不过就是对他们毫无任何认知的事情所下的武断的断言（assertion）。

A：我希望你停止道德说教，给我提出一些真正的反对理由（objection）。好了，让我尝试不同的方式：有诸如神话和童话之类的东西吗？

B：当然有。

A：这类故事是真的，还是假的？

B：那是非常难回答的问题……

A：哎呀，请不要又是这种万能的怀疑论（scepticism）！如果没有把某些东西当作理所当然的，那么，任何会话都会停止。

B：同意！我准备把许多东西当作理所当然的——除了在我们的讨论中所争论的那一点！

A：但是，这正好是我想要说的！我们都知道有一些故事是记述历史事件（或自然事件）的，还有其他的故事是为了娱乐而讲述的，或者是作为仪式的组成部分，它们没有事实内容。几代思想家力图区分清楚这两类故事，现在对你而言，好像这种区分不存在似的！

B：我不否认这种区分，尽管我认为它弊大于利。我唯一想指出的是：判定某一特定的故事（如以诺的故事）是属于这一类还是那一类，这是非常困难的。无论如何，大多数时间，类别（categories）是完全混杂的。我们可能讲述一个我们相信是历史上真的故事，因为我们发现它是有趣的、有益的；然而，我们可能后来发现它从未发生。许多美妙的美国历史故事或者（就这一点而言）任何其他国家历史故事就属于这一类。或者，为了提出一个道德观点，我们可能讲述一个我们确信从未发生过的故事，后来又认识到这个故事实际上是真的。几个世纪以来，荷马（Homer）的《伊利亚特》（*Iliad*）和《奥德赛》（*Odyssey*）被用来鼓舞人心，或被用来说明真实的英雄主义（heroism）的品质；施里曼（Schliemann，1822—1890）假定《伊利亚特》某些部分是字面真实的，从而发现了特洛伊（Troy），直到此时为止，人们认为它们只不过是虚构小说，以供娱乐。刚好在最近发现：新墨西哥州（New Mexico）、亚利桑那州（Arizona）、得克萨斯州（Texas）和加利福尼亚州（California）遗址中的一些"原始"（primitive）艺术作品能被看作中国宋朝也记载的那次新星（nova）爆发的事实记述（factual report）。它们能被看作事实记述——但是，这没有把它们归类为"事实真的陈述"（factually true statements）——因为艺术作品（art work）完全可能有宗教意义（religious significance），而且很可能确实有宗教意义。正如人们听诺贝尔讲座（Nobel lecture）或考察匹茨堡科学哲学中心（Pittsburgh Centre for the Philosophy of Science）的项目时所认识到的，现代科学理论甚至也不完全是"纯的"（pure），因为像每日祷告（breviary）展示十字架一样，匹茨堡科学哲学中心的项目也展示爱因斯坦方程（Einstein's equations）。因此，所有这些分类都是相当肤浅的，实践上毫无用处。以你提到的戏剧为例。为了得到真相，侦探再次展现罪行。在柏林（Berlin）的皮斯卡特（Piscator，1893—1966）大规模地做了同样的事，创造了一种批判戏剧（critical theatre），这种批判戏剧能被用来检验历史学和社会学中的陈词滥调。布莱希特（Brecht，1898—1956）对真理感兴趣，但是，他也对促进发现谬误能力的发展感兴趣。他认识到：一些呈现所谓的真理的方式使心灵变得瘫痪，而另一些方式却能促进发展心灵的批判能力。系统阐释（systematic account），它协调统一不同方面并使用标准语言（standardized language），属于第一类；辩证呈现（dialectical presentation），它放大缺陷不足，并让不可通约的（incommensurable）不同专业术语一起竞争，它属于第二类。

因此，有不同的陈述方式，都有"相同的事实内容"（the same factual content），但它们造成人们对这种内容具有非常不同的态度。你可以反对。你可以说这发生在戏剧中，而不是发生在科学中：例如，卡拉西奥多里（Caratheodory，1873—1950）论热力学（thermodynamics）的论文或冯·诺依曼（von Neumann，1903—1957）论量子理论（quantum theory）的论文是态度中立的。事情根本不是这样。首先，冯·诺依曼属于人们可能所称的欧几里得传统（Euclidian tradition），这种传统假定基本假设，并从这些基本假设推导出其他的。萨博（Arpad Szabó）已经证明欧几里得传统起源于巴门尼德（Parmenides，公元前5世纪）。根据巴门尼德，事物不变化（change），事物存在（are）。因此，真实的表述（presentation）不能是讲述事物如何生成的故事，不能是创造神话［诸如赫西奥德（Hesiod，公元前8世纪）的神话或阿那克西曼德（Anaximander，公元前

610—前 545）的神话]；在数学中，真实的表述不能是关于如何建构（constructed）数学实体（mathematical entity）的方式的阐释。真实的表述必须是这样的阐释：它描述不可改变的（unchangeable）性质及其之间不可改变的关系。到现在，抛弃这种传统的基本假设（事物不变化）已经很长时间了。我们已经认识到没有稳定的形式，没有不可改变的自然定律；我们现在假定甚至宇宙作为一个整体也有历史。欧几里得传统的基础不再是可接受的。这影响了我们对数学和数理物理学（mathematical physics）的态度吗？没有！冯·诺依曼的表述（presentation）仍然反映了古老的意识形态（ideologies），而且有许多追随者。另外，此表述用一种使发现基本缺陷和想象替代者变得非常困难的方式来反映这些意识形态。像巴门尼德一样，人们确信必定有一种述说事物的完美方式，而且人们已经几乎掌握了它：在同一方向上（in the same direction）再前进一步，或再前进两步，真理将显示自身。

但是，现在来看看玻尔（Bohr）的论文。首先，玻尔的论文（即使处理高度专业化的问题）用未完成的非正式风格来写。当然，冯·诺依曼的论文也是未完成的（unfinished），有时甚至也允许这样，但有些部分看起来是确定的（settled），不需要任何进一步的检验（examination）。这些部分的系统阐述简洁明了，因而引人注目。玻尔的论文中不存在这种专门的系统阐述——所有的东西都同样可以受质疑。哲学和科学以一种使诸如汤姆森（Thomson，1856—1940）和卢瑟福（Rutherford，1871—1937）这种纯粹主义者（purist）不愉快的方式混合在一起。有一系列建议，其中，每一个建议说明所处理问题的一个不同方面，但没有一个建议宣称是结论性的。所有这一切都是非常有意图的。玻尔知道我们的思考总是未完成的，他想揭示这个，而不是隐藏它。他也知道每种解答、每个所谓的“结果”都仅仅是我们追求知识中的一个过渡阶段。这种追求创造它，最终还将消灭它。正因为如此，他的论文是历史性的（historical）论文——它们记述了一系列发现和错误，慢慢趋向目前的事物发展状态，不是趋向诸如"最终解答"的任何东西。关于过去成就（achievement）和目前"结果"（result）的描述，正像关于引向它们的各个阶段的描述一样，都是试探性的、未完成的。

现在比较玻尔和冯·诺依曼。他们的论文几乎像两种不同的小说，这两种小说描述相互之间仅有松散联系的事件，难道不是这样吗？可是，二者的论著都论述同一主题（subject）——量子力学（quantum mechanics）。此外，它们不仅通过其所包含的事实（facts）来影响这一主题，而且通过它们的风格（style）来影响它。玻尔及其追随者（follower）的风格赋予旧量子理论特殊的特质，并成为表征这个引人入胜的研究时期的无数的发现、回缩（retraction）、大胆假设和深邃观察的原因。冯·诺依曼的追随者证明了许多有趣的定理，但这些定理几乎无法应用于具体情况；然而，玻尔的追随者总是非常接近物理实在（physical reality），尽管这样做时，他们被迫以直观而不精确的方式来使用术语（term）。所有这一切意味着：区分玻尔和冯·诺依曼的美学要素或"戏剧"（dramatic）要素（element），不是也许应该逐步淘汰的外部渲染，而是科学自身发展必不可少的东西。

因此，你提到的那类区分（如果你真能得到那类区分）一定是通过一种别的方式来得到的，这种方式与习俗方式非常不同，而且其思想目标也非常不同。讨论一下悲剧，悲剧看起来是完全相反的东西：它看起来是——但实际上不是。对于希腊人来说，《波斯人》（Persians）是关于非常重要的历史事件（historical event）的纪念戏剧，但是，这种形式不是呈现历史事件的唯一形式。然而，阿里斯托芬（Aristophanes）用与埃斯库罗斯（Aeschylus，公元前525—前456）风格非常不同的风格来谈论他的时代的政治（甚至谈论活着的同时代人）。你知道柏拉图（Plato）反对诗歌，他想从他的理想国中去除诗歌。他的理由是诗歌诱使远离真正的实在，激起情感，遮蔽思想。但是，他承认可能存在某种保留诗歌的论证，并挑战"她的拥护者"（her champions）——这些是他的言辞——"谁爱诗歌，但不是诗人，用散文为她恳求"。亚里士多德（Aristotle）应接那个挑战，他说：悲剧比历史更哲学化，它不仅记述发生了什么，而且说明其为什么必定发生，因此揭示了社会机制（social institution）的结构。这完美地描述了埃斯库罗斯的《俄瑞斯忒亚》（Oresteia）。该三部曲表明社会机制可以使行动受阻。俄瑞斯忒斯（Orestes）必须为他的父亲报仇——他不能回避这种义务。为了给他的父亲报仇，他不得不杀死其母亲。但是，与他受召唤报复的那种罪行（crime）一样，杀死母亲也同样是一种令人恐惧的罪行。思想和行动受阻了——如果我们不改变规定什么必须做、什么不允许做的那些条件——在该三部曲的结尾，确实提出了这种改变。注意那种"论证"（argument）的形式：有几种可能的行动，每种行动都导致不可能的情况，所以，我们的注意力被引向那个原则（principle）——该原则要求行动，但又断言行动是不可能的。揭示了该原则，提出了替代者。在色诺芬尼（Xenophanes，公元前570—前480）和后来的芝诺（Zeno，公元前5世纪）[用更明确的形式，如运动悖论（paradoxes of motion）]那儿，都发现了这种形式的论证。这种形式的论证构成某些现代集合理论悖论[例如，罗素悖论（Russell's paradox）]的基础。

因此，我们可以说该三部曲（trilogy）把如下三个方面组合在一起：关于社会条件的事实阐释，对这些条件的批判，关于替代者（alternative）的建议。根据亚里士多德，该三部曲甚至具有更多功能。柏拉图因为诗歌激发情感而反对诗歌。亚里士多德指出情感具有正面功能：它们缓解妨碍清晰思考的紧张状态[感情宣泄（katharsis）]，帮助心灵（mind）记住由戏剧揭示的结构，并帮助心灵记忆戏剧的哲学（即事实的 - 理论的）内容。所有这一切都是在故事（story）的帮助下完成的，而故事对于希腊人来说是他们传统的重要组成部分，或许甚至是他们的历史的重要组成部分。现在，我亲爱的朋友，你将如何对这种复杂实体进行分类呢？它的外表使它成为一件艺术（或表现历史的）作品，至少根据我们今天对事物进行分类的方式是如此。它的结构（structure）——正如列维－施特劳斯（Lévi-Strauss，1908—2009）所提出的，个体名称现在被当作变量——使它成为一种事实陈述，这种事实陈述与依照相当精深的逻辑所运用的批判相结合。存在戏剧的影响、传统的再现（re-enactment）、事实内容、逻辑——我现在意味着形式逻辑（formal logic），没有意味着一些笨蛋想强加给我们的无意义的"美学讨论的逻辑"（logic of aesthetic discourse）——所有都结合成一种强大而又非常精致复杂的实体（entity）。那些传统的阐释对整个整体的一个极小的方面进行了肤浅的描述，但忽视了其他的东西。这就是当与真实的艺术作品比较时，为什么由美学家（aesthetician）或艺术哲学家所描述的艺术作品显得如此枯燥乏味。

现在，你可能反对，说所涉及的任何事实内容都没有明说（stated），而是以含蓄的方式来暗示（hinted at）。但是，在科学中，这种间接的"暗示"（hinting at）一点也不罕见：以玻尔 1913 年的原子模型（atomic model）为例。它是否声称或"陈述"（state）氢原子由位于可能突然改变其直径的圆形轨道的中心的核组成呢？没有，因为玻尔非常清楚这种陈述是假的，不论从实验原因还是从理论原因来考虑都是假的。然而，该模型不是没有事实内容。这种事实内容是如何获得呢？通过一种复杂的解释方法，这种方法很大程度上就是推测（因此，从未被详细阐明），后来被称为"对应原理"（principle of correspondence）。准确说来，这也同样适用于原子核（atomic nucleus）的夜滴模型（liquid drop model）。甚至具有你们波普尔学派（Popperians）如此钟爱的可证伪性（falsifiability）要素和证伪（falsification）要素。毕竟，该三部曲揭示某些困难，并通过一种新的"假说"（hypothesis）（通过一种一起生活的新方式）来消除这些困难。前提（premise）没有明确写出来，这不同于在教科书的证伪例证中写出了前提，所以不得不发现它们。但是，总而言之，这使《俄瑞斯忒亚》比教科书更广泛全面。它告诉我们如何能发现前提，并将如何评价它们，而不是仅告诉前者。请注意，我暂时不承认证伪主义（falsificationism）比一种保证稳定性的方法更好——然而，看到它可以出现在"艺术作品"的中间，这是很有趣的，因为本来没有人希望它出现在那里。

现在思考神话、悲剧和荷马史诗（Homeric epics）的这种复杂特征，有人心里想到它为什么总是试图创造一种抽象实体"知识"（knowledge），并试图使诗歌与其相分离。这是一个最有趣的问题，我希望有一天找到答案。这个答案的概要是简单的。我们知道在古希腊有这样的一个时期：在这个时期内，哲学家作为知识领袖和政治领袖力图取代诗人。柏拉图在谈论"哲学和诗歌的长久争吵"（long-lasting quarrel between philosophy and poetry）时提到这个时期。哲学家是一个新的阶层，他们的新意识形态是相当抽象的，而且他们想使这种意识形态成为教育的基础。为了败坏对手的名誉，他们不是使用论证而是使用一种神话。这种神话宣称：（a）诗歌是不虔诚的，（b）它没有内容——早期的"智者"（wise men）简直什么也没有说。当然，这是一种简化，但我认为它抓住了这种转变的一些特征。

现在的问题是：为什么哲学家是如此成功呢？是什么东西赋予他们优势地位，以致诗歌最终好像仅仅是情感主义（emotionalism）或象征主义（symbolism），没有任何事实内容呢？这种东西不会是他们的论证力量，因为如果恰当解释，诗歌自身包含论证。

关于 17 世纪科学的兴起，也能够做类似的评论。在这种情形中，动力（moving force）是新阶层（new class）的兴起，这些新阶层被排斥在追求知识之外，但他们通过宣称是他们而不是其对手拥有知识，从而把这种受排斥转变为他们的优势。另外，在艺术（art）、科学和宗教这些领域中，每个人都接受这种思想，以致我们现在拥有没有本体论（ontology）的宗教、没有内容的艺术、没有意义的科学。但是，我离题了。我想强调的是：你所依赖的分类（classification），虽然也许适合于描述这些古代力量斗争的枯燥乏味的现代产物（modern products）[现代童话，如王尔德（Oscar Wilde，1854—1900）的童话；现代神话，诸如二十世纪的马克思主义或现代占星术；现代科学，如社会学]，但是，对这种力量斗争的古代对手（ancient opponents）（古代的神话、童话等），以及对仍然保留古代材料的一点复杂性的那些现代性特色[例如，玻尔、列维－施特劳斯和荣格（C. G. Jung）所实践的科学]，那些分类都没有给出合适的阐释。寓意（Moral）：人们不应该因为一种观点好像掉入这种分类的神话－小说－宗教－童话－筐子而否认其事实内容。根据实质来分析考察每种情形，将会有无穷的惊奇……但是，你已经宁愿保持沉默和沉思。我已经最终使你信服了，不会是这样吧！

A：你已经使我确信，我用来证明以诺（Enoch）故事和类似故事不会为真的那些具体论证是有缺陷的；但是，我认为我的怀疑不是毫无根据的。事实上，我认为我现在比之前有好得多的论证。你明白，我之前愿意承认：这些故事的发明者相当有想象力；他们是伟大的诗人；他们不是疯子，而是理性的人。现在，如果按照字面来理解他们的故事，并赋予它们经验内容（empirical content），那么，我不得不得出这样的结论：他们一定是发疯了。原因就是这些故事所告诉我们的东西，它们告诉了我们什么呢？它们谈论神和魔鬼（demon）的行动，还谈论其他怪异而难以控制的怪物的行动；它们好像没有意识到最简单的因果规律（causal law），构建荒诞的联系[如祁雨舞（rain-dancing）和天气之间的联系]；它们包含神谕和这样的假设——人们在日常事务中使用这些神谕；等等。这类故事甚至出现在古希腊人中间，古希腊人是曾生活过的最理性的人群之一，他们用眼睛去看，用心灵去思考他们看到的东西。我更愿意假定他们的世界观（world view）符合他们的能力，所以，我宁愿把他们的神话解释为诗歌（myths as poetry）。你仿佛相信人类理性的统一性，而且不止一次地反对下面这种思想：仅仅在科学相当先进的希腊化时代（Hellenistic times），人们才变得聪明。因此，你应该明白这个论证的力量。

B：确实，那是一种奇怪的论证方式。但是，我现在不再期望一位理性主义者（rationalist）按理性方式（rational manner）行事。

A：你什么意思？

B：你真的不明白？好吧，让我详细说明一下。你想使我确信某些故事（如以诺的故事）不可能具有事实内容。那么——你做了什么？你更细致地分析它们了吗？没有。你提出一种论证了吗？没有。你用轻蔑的方式来讲述那些故事，暗示只有疯子才会认为它们是真的。在伦敦经济学院（the London School of Economics）发现这种规程（procedures），我并不感到惊奇，因为这里在三代批判理性主义（critical rationalism）之后，基本论证退化成几个标准仪式。但是，我认为你是一个更理性一点的人，没有受到那种信仰的祈祷仪式非常牢固的束缚。你提供的根本不是论证，我真的必须这样告诉你吗？这正是伽利略（Galileo）的那些缺少才华的对手对待他的天文学的方式，我必须这样来提醒你吗？

A：在这里，伽利略的情形根本不相关。伽利略创立（founded）科学，所以，他所处的境况自然比我们今天所处的境况更加不确定。另外，我们有一大堆正确的科学知识（scientific knowledge）供我们使用，我们通过把各种观点与这一大堆知识进行比较，从而能够批判这些观点。这是我心里已经想到的，尽管我可能讲述得太快，你没有注意到它。既然已经做了这个简单的批判，我为什么不应该因一位对手太愚笨而不能明白那一点而嘲笑他呢？

B：也许，你所称的"那一点"（the point）不像你想的那样简单。你说通过把神话与"一大堆正确的科学知识"（bulk of sound scientific knowledge）比较，从而能够批判神话。我用这个来表达如下意思：对于每种你想批判的神话，存在一种（或者一组）属于这"一大堆"（bulk）科学知识的高度确证的科学理论与那种神话相矛盾。现在，如果你更仔细一些思考那个问题，你将不得不承认：找到与一种有趣的神话不相容的特定（specific）理论，这是极其困难的。与"祈雨舞（rain-dance）带来降雨"这种思想不相容的理论在哪里？当然，这种思想违背了绝大多数科学家的信念（beliefs），但是，据我所知，在能被用来排除祈雨舞的特定理论（specific theories）中，这些信念还没有得到表达。我们所得到的全部就是一种模糊但非常强烈的感觉（feeling）：在科学世界中，祈雨舞不可能起作用。此外，也没有任何一组观察（observations）与这种思想相矛盾。另外，你要注意，今天看到祈雨舞失败，这是不够的。举办祈雨舞必须要有适当的准备，而且还要在恰当的环境中进行；这些环境包括古老的部落组织及与其相应的心理态度。霍皮人（Hopi）的理论非常清楚地说明了这一点：随着这些组织的瓦解，人们丧失了对自然的控制力量。因此，仅仅因为祈雨舞在目前条件下不起作用从而拒绝其有效性（efficiency）的思想，就如同因为没有看到物体在直线上恒速运动从而拒绝惯性定律（the law of inertia）一样。

在这一点上，伽利略的对手所处的境况（position）要好很多、很多。他们有理论，有很好表述的理论，而不是仅有关于什么是"科学的"（scientific）、什么不是"科学的"的模糊感觉；他们也有事实。事实和理论一起形成了你所赞美的那种"一大堆正确的科学知识"，这一大堆科学知识与伽利略的观点不一致。与你反对流传给我们的神话相比，他们对伽利略的反对要强烈得多。可是，他们失败了。

因此，你不仅缺乏正确批判祈雨舞的材料，而且具有关于应当以什么方式来使用这种材料的错误思想。此外，最优秀的伽利略对手非常了解他的观点，他们是专业的天文学家。你们哪一位理性主义者用同样的心思研究过你们如此随便责难的那些观点呢？当然，我现在知道，仅仅指责你将不起作用，所以，让我给你举一些例子来说明：当仔细观察你现在当即拒绝的那些领域时，你可能会发现什么。以"彗星（comet）预示战争"这种思想为例。它是一种绝对荒谬的思想——不是吗？它毫无道理，完全是偏见。但是，让我们更仔细一些分析考察这个问题！彗星被认为是大气现象，认为是大气上层的一种火。现在，如果这种假设是真的，那么，彗星将把物质拖向上层区域，从而将有大规模的大气运动，从地面开始，一直到达上层。这种运动可能引起风暴，而且还可能在大气的色彩中显示它们自身，在黄昏或在黎明显示它们自身，这取决于彗星在太阳哪一侧。记得前几天在塔玛尔派斯山（Mount Tamalpais）上好像到处都是火，树叶的颜色呈现深暗的饱和色泽。这就是我正在谈论的现象。此外，大气运动及其中过量的火将破坏大气的正常组成成分，影响人和兽的新陈代谢（metabolism）。动物特别敏感，它们在看到彗星（comet）很久以前就注意到了这种变化，正如它们预先注意到地震（earthquake）一样。还将有更严重的瘟疫（plague）传染趋向：空气的燥热将导致相应的心灵狂热，而心灵狂热将导致掌权者做出不负责任决定的机会增加，这就意味着战争（war）。伴随着四颗或五颗不同彗星发生所描述的那种现象，这是非常可能的。事实上，开普勒已经积累了大量相关资料，注意到了这种相关性（correlation），并使用它们来尝试建立一种经验的占星术。因此，确证（confirm）了这种关于彗星的基本假设。但是，这种假设在理论上似乎也有道理，因为它与元素理论（theory of elements）相符，而这种理论对宏观现象进行了很好的定性阐释（qualitative account）。如果是这样，那么，人们即使发现一些反例（refuting instance），也不会反对——毕竟，甚至在我们的科学中，反例也经常被束之高阁，直到进一步的考察分析为止。因此，我们得到一种假说，即彗星和战争之间的一种联系。乍看之下，这种联系好像是奇怪而愚蠢的；但是，进一步研究则展现使其合理的理论要素和证据，当然是在当时可利用的材料的条件下——尽管对我们而言，这种材料是不可接受的，因为我们拥有更好的不同材料（我们这样认为）。

让我们称这种假设为 A 类假设。现在来看看这种思想：世界充满神，神干预物理现象（physical phenomena），偶尔神也把祂们自己显示给人。你会说：这是另一种幻想，另一种梦想（dream）。让我们看看！——你已经生气了？

A：生气好多次了！特别是……

B：别告诉我那个。现在说说：你如何体验你的生气（anger）？

A：你什么意思？

B：嗯，你把生气体验为你自己产生的某种东西，还是体验为从外部进入到你体内的某种东西？当我说"从外部"（from the outside）时，我的意思不是指"穿过皮肤进入"，而是意指：它感觉到好像它是从你自己内部产生的，还是它是某种外在于你而发生的东西？

A：我真不知道——这是奇怪的，因为我已经非常生气了，最近……

B：另一个美妙的理论出现了！

A：什么理论？

B：这个理论是：生气（anger）是心灵事件（mental event），我们直接认识心灵事件的全部特征。哎，你知道一种称之为"主观的眼睛灰色"（subjective eye grey）现象吗？

A：不知道。

B：你走进一间暗室（dark room），适应于黑暗。当你最终适应了黑暗，你的视野（field of vision）将不是完全黑暗的，而是弱灰色的，而且呈圆柱形，以你的身体为主轴。

A：啊，我现在想起来了——从前，我参加了一个暗适应（dark-adaptation）实验，在暗室待了半小时后，那个家伙让我描述我所看到的现象。

B：你看到了什么？

A：四处有几个亮点，但根本没有你说的圆柱体。我被告知理应看到那种现象，而且，为了看到那种现象，我还受到训练。训练（training）非常有趣。实验者（experimenter）在视野内放了一根被加热的金属线；但是，他没有充分加热使其变成红色。那根金属线呈现微绿的灰色——他说，辐射太弱而不能刺激颜色感受器（receptor）。接着，他告诉我要注意那根金属线的周围，它的左右。我注意到：光亮没有终止于那根金属线的末端，而是延伸到其以外，随着与金属线的距离增加，渐渐消失在远处。然后，电流减弱，直到不再能看到那根金属线为止。然而，光亮保留下来，现在，暗适应后，我每次都能看到光亮。它甚至看起来像一种物质表面，像夏天傍晚的晴朗天空。此外，我还有这种奇怪的感觉：那种现象一直存在，但我太愚笨而无法注意到它。像余像（after-image）一样，它们总是与我们的视觉混杂在一起，我们必须用特殊的方法才能注意到它们。

B：你描述了一系列真正奇妙的事件，太棒了！你起初有一些模糊的印象，然后受到指导训练，最终你看到一种现象，而这种现象几乎成为一种对物质客体（physical object）的感知。

A：是的，这使我想起发生了类似事情的另一个场合。很久以前，我想成为一个生物学家（biologist）；我的父亲给我买了一台相当昂贵的显微镜（microscope），当我用它观察时，我认为我被欺骗了。生物学书上的图片非常清楚，但连跟它们稍微有点相像的图像，我也没有看到。我看到的是，混乱的线条和运动，而且我甚至不能确信：那些运动是否出现在我的眼里，因为我竭力用眼要看到我想看到的东西；或者，它们是不是客观运动（objective motion）……

B：这正是最早的用望远镜（telescope）观察天空的观察者（observer）描述其所见的方式，你知道吗？

A：我不知道。伽利略没有这样讲过，至少我不记得……

B：他没有这样讲过，因为即使在相同的环境中，也不是每个人都会感受到相同的现象。他看到的东西是相当明确的，但竟然也是虚幻的——

这里，看看他的月球图，这幅图就在《星际使者》（*Sidereus Nuncius*）中。

A：很奇怪——这个大洞为什么出现在月球中部呢？

B：这就是伽利略所看到的、所描述的和所画的。听到下面这些，你将不会感到惊讶：其他的观察者看到了完全不同的东西，他不能马上使其对手信服，这些对手反对"美第奇星"［Medicean Planets，他把它们称为木星的卫星（moons of Jupiter）］的真实性。他指导他们如何用望远镜观察，告诉他们理应看到什么，但是，仅仅一些人看到了他说他已看到的东西，而且他们也不相信那种现象的真实性（reality）。亚里士多德已经预见到了所有这些问题，最早的望远镜观察具有奇异且模糊的性质，这根本不会使他感到惊奇。根据亚里士多德，物体的形状通过媒介传递到观察者的感官（sense）。获得明确真实的感知（perception）的首要条件是：媒介（medium）中不存在干扰。此外，只有在感觉（sense）适应物体的某些"正常"（normal）环境中，人们才能真实地感知事物。在望远镜视觉的情形中，两个条件都不满足。因此，亚里士多德学派的人（Aristotelians）拒绝用望远镜来观察，而且认真对待他们所看到的东西，这是合理的，正如现代物理学家拒绝接受未知设备的实验结果一样合理。在历史阐释（historical account）中，几乎没有提到这些事实。科学史家（historian of science）和哲学史家（historian of philosophy）几乎没有利用感知心理学。但是，现在请你继续讲述你的故事来说明该主题的一些重要原理。

A：好吧，我没有看到我希望看到的东西，我对我的生物老师抱怨。他让我平静下来，说每个人都会经历这种困难，我必须学会看（learn to see）。他首先给我一些非常简单的东西（如头发、沙子）来看，并指导我使用最小的放大率（magnification）来观察。我没有问题。他告诉我增加放大率，并保持观察相同的物体。当我看到我自己的头发像一条宇宙绳（cosmic rope）跨越广袤的天空时，我退缩了——但是，我看到了它，非常满意。然后，我们逐渐观察越来越复杂的物体，今天，我不仅认出最复杂的有机体（organism），好像它们是我的老朋友，只是几小时前才离开；我甚至不能看到起初看到的那种混乱。现在，我在显微镜下看到的每个事物都显然是客观的。

B：现在，让我们回到你的生气体验。你已经描述了两种"学会看"的过程。在这两种过程中，虽然你都以显然是主观的模糊印象开始，但最后却都以完全结构化的客观现象告终。我现在使用"主观的"（subjective）和"客观的"（objective）这两个词来描述事物在你看来是什么样子，而不是描述事物实际是什么样子。你说过，这种主观的眼睛灰色"甚至看起来像一种物质表面，像夏天傍晚的晴朗天空"，尽管我们俩都同意认为没有这种表面。你认为你的生气感觉能以类似方式来改变吗？

A：我确信它能这样。毕竟，我们说某人"被生气征服了"（overcome by anger）或"被悲伤震动了"（shaken by grief），这表明：对生气和悲伤的体验一定曾在某段时间比其今天起看起来的样子更加"客观"，这确定无疑得多。

B：如果我告诉你古希腊人体验生气并把梦记忆为发生在他们身上的（有时反抗其意志的）客观事件（objective event），这使你感到诧异吗？

A：这一点不会使我感到诧异。

B：现在，让我们继续再前进一步。当你第一次用显微镜观察时，你想到你可能看到什么吗？

A：非常肯定。我已经读过生物学书，它们里面充满各种可怕生物的美丽图片。

B：虽然这些图片非常清晰，但是，当你用显微镜观察时，即使与它们有点相似的图片，你也没有看到。

A：是的，那很令我失望。

B：但是，你受到指导训练，你的印象改变了，直到它们变得稳定客观为止。

A：是的。

B：如果培养你长大过程中，把你的眼睛与显微镜固定在一起，那么，从一开始（至少，从你能记事开始），你的印象就是稳定的。

A：同意！

B：现在，接着让我们看看荷马诸神（gods of Homer），有关于它们的描述或图片吗？

A：有——《伊利亚特》（*Iliad*）和《奥德赛》（*Odyssey*）中随处都有描述，我们的博物馆中到处都是图片和雕像。

B：描述（description）和图片是清晰明确的吗？

A：它们是奇特的——但是，它们肯定是非常清晰明确的。

B：可是，即使稍微有点与它们相像的任何东西，我们也没有体验过。

A：对此，有很好的理由：那些神不存在！

B：不要这么快，不要这么快，我的朋友！记住，我们现在谈论现象（phenomena），不是谈论"实在"（reality）。另外，也要记住你自己关于主观的眼睛灰色（subjective eye grey）的描述：它"看起来像一种物质表面"，事实上，尽管暗室中的人们并没有被这种表面包围。所以，我再说一次：关于那些神，我们虽然有清晰明确的描述，但对其却毫无体验，即使对与这些描述对象稍微有点相像的东西的体验也没有。

A：我想我不得不同意你。

B：在显微镜图像和主观的眼睛灰色这两种情况中，有指导训练，它创生正好由那些描述所记述的那种现象。我们能够学会依照描述来看世界。

A：那么，你想让我确信存在一种指导训练，它能够使我们体验神的现象。

B：正是这样——不过再说一下，这种情况一点也不简单。记住我在祈雨舞情形中所提出的警告：只有首先有适当的环境，那些仪式才能起作用。必须有适当的部落组织，还得有适当的态度。这同样也适合于我们目前的情形。让你看到神，或者让你体验神力，这可能是非常困难的，也许是不可能的。古希腊的神是部落神（tribal god），而且它们是自然神（nature god）。社会环境、你所受的教养、时代的普遍精神都使你几乎不可能理解它们的第一方面（更不用说，使其苏醒复活）——当试图认识它们的第二方面时，辅助你的"自然"又在哪儿呢？

A：这难道不是对它们存在的决定性反对吗？

B：根本不是。为了看到适当的事物，你需要适当的仪器（instrument）。为了看到遥远的星系（galaxy），你需要望远镜。为了看到神，你需要做了适当准备的人。望远镜消失了，但星系没有消失。人虽然丧失了与神联系的能力，但神并没有消失。因为没有再体验到上帝或伟大的潘神（The great Pan），所以就说"上帝死了"或"伟大的潘神死了"，正如因为我们不再有钱重复雷恩斯实验（Reynes's experiment），所以就说中微子（neutrino）不存在，这都是非常愚蠢的。

A：对于中微子的情形，我们有令人信服的间接证据……

B：这是因为关于它们，我们有理论，有高度复杂的理论！像往常一样，你从错误的一端开始论证。你说：对于那些神，既没有直接证据（direct evidence），也没有间接证据，所以，我们不应当创建关于它们的理论。但是，下面这一点是明显的：间接证据（indirect evidence）是针对一个理论（for a theory）的间接证据，所以，首先必定有一个理论，而且那个理论是相当复杂的，否则，我们几乎不会谈论间接证据。这意味着：在提出关于间接证据的那个问题以前，我们必须开始构建复杂的理论。然而，直接证据依赖于仪器或做了很好准备的观察者——如果没有理论来指导我们，那么，我们将如何制造仪器呢？或者，我们将如何使观察者做好准备呢？但是，回到这个问题来：如何能够使人们体验神呢？正如我告诉过你的，让你看见（see）神，或者体验（experience）神的影响，这是不可能的；但是，让你理解（understand）生活在适当环境中的人们如何能够具有关于神存在的强烈体验，这或许是可能的。让我从你关于你自己生气所说的开始。你说：你经常生气，甚至是非常生气；但是，你不知道你所体验的生气是否是把它自己强加在你身上来反抗你自己意志的某种"客观"事物，或者你不知道它是否是你自己的一部分。

A：我认为我必须改正我的描述，因为既然已经提出了这个问题，那么，这种现象似乎更确定了一些。

B：说这些，你要表达什么意思？你的生气（anger）已经发生变化了吗？或者，关于你的生气的记忆（memory）发生变化了吗？

A：几乎好像我的生气（在回想时）是那些模糊的图像之一，你时而能以一种方式看到，时而又能以另一种方式来看到。发生变化的事物——人们不是完全知道它是什么。我认为这适用于所有的体验（experience）。你知道，曾有一段时间我竭尽全力用理性的方式来处理我的私人事务，尽管如此，但我完全被感情（emotion）控制，被很奇怪的感情控制……

B：不要告诉我你因为女人而欺骗了自己！

A：不是一次，而是多次；不是一年或两年，而是差不多十五年……

B：你知道什么吗？！批判理性主义者（critical rationalist）被感情（emotion）牵着鼻子走！哎，我总是说：理性（reason）是激情（passion）的奴隶……

A：但是，不对——那是我想要告诉你的！你明白，令我吃惊的是，关于人们称之为"爱"（love）的这种感情（feeling）缺乏清晰度（articulation）。它是一种强大的力量，指导我的行动；但是，在某种程度上，如果任何尝试努力获得关于这种力量的特质（quality）的一些洞见，并力图发现其看上去的"面貌"（face），那么都会使它以最惊人的方式改变其特征，而没有留给我任何确定的东西来领会或对待。最后，我变得极其烦恼……

B：你曾经是这样的，我确信！

A：……我心想是否存在一种方式，在某种程度上，这种方式捕捉那种现象，构建其形，使其稳定，并使其变成可理解的。我考虑过精神分析

（psychoanalysis），因为我听说它不仅改变某人对精神现象（mental phenomena）的态度，而且还改变精神现象自身；但是，我遇到的所有精神分析学家（psychoanalyst）都是这种笨蛋，所以，我放弃了这种思想。接着，我偶然发现海涅（Heine，1797—1856）所写的一个故事，在这个故事中，他描述了一种感情（feeling）：起初作为一种具有强烈吸引力的感情；然后，转变成憎恨，但没有丧失其吸引力的倾向。我认识到这正是我在一种特定情形中所体验过的。阅读这个描述改变了我的体验，但没有真正改变它；我理解了（understood）在这个特定事情中所发生的一切。我还阅读了其他诗人的作品：拜伦（Byron，1788—1824），海涅敬佩他；格里尔帕策（Grillparzer，1791—1872），保罗（Jean Paul，1763—1825），王尔德（Oscar Wilde，1854—1900），庞德（Ezra Pound，1885—1972），马里内蒂（Marinetti，1876—1944），甚至，歌德（Goethe，1749—1832）。我发现它们是名副其实的关于奇异过程的现象学描述手册，而那些奇异过程只有凭借这些描述才变成实在的过程。我认为我现在同意伯尼（Börne）所说的，他说：如果没有历史学家（甚至为那些参与者）记下（writes down）已经发生的，从而塑造构想事件（shapes the events），并确切地说明它们（defines them），那么，就不会有历史。

B：这正是我心里想到的情形。我们的大部分思想（thought）、感情、感知（perception）是缺乏确定性的，这种情况达到了令人惊讶的程度。我们没有注意到这种缺乏确定性（definiteness），正如我们没有注意到我们眼睛的盲点（blind spot）：每个事物看起来是完全清楚的。但是，让某人问一个不寻常的问题，或者，让他对其体验给出一个不寻常的阐释（account），我们就会认识到：这种表面上的清楚（clarity）正好反映了无知（ignorance）和肤浅（superficiality）。然而，我们的意识（consciousness）是无固定形状的材料，能够使其改变，能够通过提问、描述、系统阐释（systematic account）、教育使其具有更加确定的形状。雕刻家（sculptor）一开始用的是不成形的大理石，他对它进行不断雕刻，直到最后他呈现给我们精致复杂的雕像。正如雕刻家一样，教育者（educator）运用完全相同的方式，一开始面对的是其学生不成形的心灵状态，然后给它"刻印"上他认为是重要的思想和现象。我们穿过一片林地，林地突然变得开阔起来，发现我们自己在一座山顶上，纵览无限的景观。我们体验一种敬畏感。这种敬畏感不太明确确定，它像一种流逝变化的情绪（mood）。现在，假定经过养育，我们信仰一个神：这个神不仅创造宇宙，而且存在于其中，保护宇宙，确保其继续存在。我们不再看到物质客体（material object）的排列，而是看到神创造的部分，我们的敬畏感变成关于世界中神的成分的客观感知。或者，假定你在夜晚通过一片林地，远离高速公路和城市灯光。你看见黑影，听到奇异的声音，有一种接近大自然的感觉，大自然"在对你说话"（speaks to you）。通常，这种感觉（feeling）是主观的（subjective）和情绪化的，人们读诗歌是"让诗歌说话"（make her speak）；关于诗歌的模糊记忆与关于目前的甚至更加模糊的印象混合在一起，产生一种朦胧含混的心灵状态。另外，假定经过养育，你信仰那片林地充满神灵（spirit）；在你年幼时，常常走过它，你的父母给你解释声音的特性、发出声音的神灵的特性，并给你讲述传统的故事。这给那些印象提供了根基（substance），使它们成为更加确定的现象，正如生物学指导培训为模糊的显微镜图像提供了根基。现在，转向内心，有思想、感情（feeling）、恐惧、希望、记忆；我们不知道或者甚至不关心（or even care）它们是来自于我们还是来自某种别的事物，在这种意义上，它们都是模糊的、无家可归的——它们仿佛既不属于主体（subject），也不属于客观世界（objective world）。但是，假定给你传授的教育是这样的：当你醒着时（或在睡梦中），神可能对你说话；在你意想不到的时候，神可能给你力量；神让你生气，以便你用更大的力量来实现它们的计划；你被训练成聆听它们的声音，期望确定的答案，而且，已经给你提供了这种答案的范例——假定了上述这一切，你的内心生活（internal life）将又变得更加确定；它不再是像云一样的模糊东西的相互作用，几乎没有被注意到；而是，它将成为神的清晰明确的作战活动的战场。看看古希腊文学，我们发现这确实是古希腊人体验其周围环境和"内心生活"（inner life）的方式。他们关于物质宇宙（material universe）的体验是关于充满神的世界的体验。神不完全是幻想的观念，而是现象世界（phenomenal world）的组成部分。自我的体验也是一种关于神力和神意（divine message）的体验；这种情况达到这样的程度，以致对荷马时代的希腊人来说，自主的自我（autonomous self）的观念（甚至，单独一体的身体观念）都是未知的。

到目前为止，我一直只谈论现象（phenomena）。我已经描述的这种现象给予"万物充满神"这个假说（hypothesis）［据说，泰勒斯（Thales，约公元前 624—前 545）用它来表达自己的思想］很大支持。这个假说不同于我前面提到的关于彗星的假说，所以，我将称之为属于 B 类的一个假说。关于彗星的那个假说能够通过研究（例如，通过测量距离）来改变，而保持现象和基本概念不变。但是，研究不能独自改变那种关于神的假说。为了实现这种改变，我们必须引入与荷马世界（Homeric world）的体验相冲突的新的基本概念（fundamental concept），我们还必须开始用不同的方式来看（seeing）事物。我们必须用空洞的阿那克西曼德（Anaximander）工业烟雾来取代荷马的丰富多彩的宇宙，必须用色诺芬尼（Xenophanes）和巴门尼德（Parmenides）的极权主义怪物（totalitarian monster）（我们的批判理性主义者非常钟爱这种怪物）来取代荷马的鲜活的神，我们还必须用不同的方式来组织我们的印象，这意味着古代现象（即由神、神灵和英雄组成的世界）将不得不消失。注意，我们不仅从物质世界（没有神，物质世界仍能存在，其行为仍保持不变）驱除了神，而且，我们还引入一种新的物质类型（a new kind of matter），它空洞而毫无生气，不再是赋予生命力量的场所。一个整体的世界消失了，种类完全不同的现象取代了它。

　　仍然还有别的一类假说需要考虑，或许，它是最有趣的一类假说。这类假说（我称之为"C类假说"）虽然深深植根于神话传统，并与科学冲突，但是，当把它翻译成科学语言时，证明它是正确的。当针灸（acupuncture）被证明是一种成功的治疗西医（Western medicine）甚至都不能诊断的疾病的方法时，才发现了这类假说，这是新近发生的事情。这导致进一步的研究，并导致发现了种类繁多的医学"学派"（schools），其中的每个学派都包含了科学中无法获得的知识。这种知识可能仅仅是实践的，但它也包含了相当多的理论成分。这种理论非常有趣，而且还表明：科学不是获得知识的唯一方法；科学有替代者（alternatives）；在科学失败的地方，替代者可能成功。于是，存在心灵学现象（parapsychological phenomena）整个领域。为什么这个领域对于我们目前的争论来说是有趣的呢？这有两方面的理由。一方面，神话描绘（或预先假定）的许多现象是心灵学现象。因此，心灵学（parapsychology）研究为我们对神话、传说（legend）、童话（fairytale）和类似的记述（similar account）进行实在论（即非虚构的）解释提供了材料。此外，这种现象在神话中留下的印象看起来要比在我们的实验室中留下的深刻得多，这使我们明白了某种道理，即关于可能产生强烈心灵学效应的条件（conditions）的道理。某些神话甚至包含了相关的说明（explanation）。根据霍皮人（Hopi）的创世神话，人的思想越来越抽象，人的自私自利日益严重，这些导致人与自然渐渐分离，结果是以和谐为基础的古老仪式不再有效了。古代的祖先能够发明成为我们最先进科学理论的竞争对手的思想和规程（procedure），我们对此根本不必感到惊讶。为什么他们的智能应低于我们呢？石器时代的人已经是全面发展的智人（homo sapiens），他们面对惊人的问题，用伟大的创造力（ingenuity）来解决它们。科学因为其成就总是受到赞美。所以，让我们不要忘记神话的发明者发明了火及保存火的方法。他们驯化动物，培育新的植物种类，使不同种类保持分离，其所达到的程度超越了今天科学农业可能达到的程度。他们发明了轮种农业（rotating agriculture），发展了能与西方人最优秀的创造相媲美的艺术。他们没有受到专业化（specialization）束缚，因而意识到人与人、人与自然的广泛联系；他们利用这些联系来改善他们的科学和社会：在石器时代，发现了最好的生态哲学（ecological philosophy）。如果科学因其成就而受到赞美，那么，神话必须受到热烈千百倍的赞美，因为它的成就无比伟大：神话的发明者始创（started）文化，而科学家只是改变（changed）文化，而且不总是改变得更好。我已经谈到一个例证：神话、悲剧、古老的史诗同时处理情感（emotion）、事实、结构，对出现于其中的社会产生了深远而有益的影响。

西方理性主义的兴起破坏了这种统一性（unity），并用一种更加抽象、更加孤立、狭隘得多的知识观念取代了它。思想和情感（甚至思想和自然）是分离的，通过命令把它们分开（柏拉图说："让我们建构天文学，而不要考虑天空"）。对于每个能阅读的人来说，一个明显的结果就是表达知识的语言变得贫乏、空洞、形式化了，另一个结果是人和自然实际分离。当然，人最终回归自然；在犯了许多错误后，他回归自然，但是，是作为自然的征服者，作为自然的敌人，而不是作为自然的顺从者（creature）。举一个更加具体的例子。赫西奥德（Hesiod）的《神谱》（*Theogony*）包含了非常复杂的"现代"（modern）宇宙学（cosmology）：世界（包括支配其主要过程的规律）是发展（development）的结果；规律（law）自身既不是永恒的，也不是无所不包的（comprehensive），而是来自相反力量相互之间的动态平衡（dynamical equilibrium between opposing forces），以致总是存在破坏性变化的危险［巨人（giant）可能毁坏他们的锁链，击败宙斯（Zeus），引入他们自己的规律］；世界中的实体（entities）具有双重特性，它们是死的物质，但它们也能像活的生物一样行动。这些思想被色诺芬尼和巴门尼德批判为非理性的。基于永恒规律的说明取代了演化描述（evolutionary account）——这充分延续到十九世纪！只是到了现在，我们才回归演化理论（evolutionary theory），这些理论不仅处理宇宙中的受限发展，而且还处理作为整体的宇宙；只是到了现在，我们才认识到所有结构组织（structural arrangement）的动态特征。在这方面，神话必定领先于一些非常复杂的、批判的、最"理性的"（rational）科学观点。

但是，不止上面的这些。考古学（archaeology）〔特别是考古天文学（astroarchaeology）这个新学科〕把科学资源与一种新的更实在的（realistic）神话方法结合起来，这揭示了石器时代思想的广度和复杂性。存在一种国际天文学：人们运用它，在天文台（observatory）里检验它，在从欧洲到南太平洋（South Pacific）的学校教授它，把它应用于国际旅行中，用丰富多彩的技术语言对其进行系统化。这种天文学的技术术语（technical term）是社会术语（social term），不是几何学术语。因此，这种科学具有充分的事实根据，也满足情感需要；它解决物理问题，也解决社会问题；它为人们对天及在天与地、物质与生命、人与自然之间的那些和谐（harmony）〔这些和谐是非常真实的，但却被今天的科学唯物论（scientific materialism）忽视了，甚至被否定了〕提供一种指导；它是科学、宗教、社会哲学和诗歌四位一体。综合所有这一切，人们认识到科学对知识没有特权。科学是知识的宝库，这没错；但是，神话、童话、悲剧、史诗（epics）和非科学传统（non-scientific tradition）的其他许多创造物也是这样。这些传统中包含的知识能"被翻译"（translated）成西方术语系统，于是，我们得到 A 类假说、B 类假说和 C 类假说——但是，这种翻译遗漏了这种知识的非常重要的"实用"（pragmatic）成分；它遗漏了呈现这种知识的方式，也遗漏了这种知识唤起的联想（association）。所以，我们能评判这种知识的"经验内容"（empirical content），但不能评判运用它的其他效果，包括其对我们集聚知识（knowledge-gathering）和增进知识（knowledge-improving）的活动所产生的效果。然而，即使在这个非常有限的经验内容领域，我们也经常发现科学跟在一些非科学观点后面艰难行进。这次离题的时间很长了，现在，我们最后想看看理性主义和科学方法（scientific method）这种事业……

A：只有这才解决问题！你所讨论的所有问题（特别是科学问题，由科学家的错误及其特殊的意识形态所造成的问题）表明我们需要一些标准……

B：……这些标准应该由哲学家来提出，并从外部强加给科学。

A：嗯，科学家正好很少思考标准问题，而且如果他们思考，他们也会犯错误。

B：在标准问题上，难道哲学家就不犯错误吗？

A：当然，他们也犯错误，但是，至少他们在标准领域是有能力的。

B：他们犯错误，但是，他们有能力犯错误——那是他们的优势吗？

A：他们对这个问题的复杂性（complexity）有某种洞见。

B：你是一位乐观主义者——你认为科学哲学家（philosophers of science）对科学的复杂性（complexities）略有所知。哎，他们自己说他们不研究科学，只研究其"理性重构"（rational reconstruction），而科学的"理性重构"是把科学转化成混杂语的逻辑学（pidgin logic）。

A：他们阐明科学……

B：……对于只理解混杂语的逻辑学而对别的一无所知的无知者来说。但是，我想说：如果问题是向具有普通智力的人来说明科学，那么，诸如阿西莫夫（Asimov，1920—1992）那样的普及作家（popularizer）所做的工作要好得多。任何人如果读了阿西莫夫的作品，那么，他大体上了解科学是什么样的；但是，如果某人阅读波普尔、沃特金斯（Watkins，1924—1999）或拉卡托斯（Lakatos，1922—1974）的著作，那么，他将学习一种相当愚笨的逻辑学，而不是学习科学。即使科学哲学变得比实际状况更好，它也存在全部科学所共有的问题：它设定的假设不易控制，而且也超出了其从业者（practitioner）的能力范围。所以，给科学添加科学哲学并没有解决我们正在谈论的问题，而是添加了（adds）更多的相同种类的问题。困惑更多了，而不是消失了，尽管印象是困惑消失了——因为哲学家的无知和愚笨。

A：好了，我当然承认科学家和科学哲学家必定愿意学习新东西。

B：你承认这个，这多么好啊！——但是，这也是多么无效啊！因为问题中的假设的真正本性阻碍了从业者学习需要被正确看待的"新东西"（new things）。

A：你是什么意思？

B：记得阿特金森（Atkinson）吗？

A：我怎么会忘记他呢？

B：阿特金森不准备放弃其关于早期人类的观点。他的理由是：早期的人不懂得论证，"缺乏必要的计算能力"（lacked the numeracy required）（如果我没有记错他的原文的话），待在相同的地方会"更舒服"（more comfortable）。这里有假设（例如，这样的假设："地上事件不依赖于行星参量"），它们根本没有像上述这些观点那样被清楚表达出来；还有更多的假设［例如，这样的假设："疾病源于近因（proximate causes）"］，它们的替代者（alternatives）不仅不被相信，而且甚至也不被理解。

A：好了，替代者会是什么呢？

B：一个可能的替代者是：一种疾病是一种构造过程（structural process），这种构造过程不是由特定事件引起的，而是作为一个整体从具有类似复杂性的过程发展而来的。如果那是对疾病的正确解释，那么，寻找"病灶"（'location' of the illness, Krankheitsherd）就是一种无用的活动，关于这种病因的科学理论的运用就成为一种阻碍。

A：你能有别的什么办法吗？

B：你的问题是一个很好的例证，它能够说明我正在谈论的一般假设对思维有什么影响。人们从事许多实践（practice），却没有学习理论。

A：例如？

B：说一种语言。你无法通过学习一种能被明确表述的理论而学会说一种语言，你通过参加某种实践来学会它——你掌握它。掌握一种语言能使你做两个事情。它能使你懂得和使用某些规则性（regularities），纵然你不知道这些规则性是什么……

A：如果你没有学习语法学（grammar）或语音学（phonetics）。

B：如果你没有学习语法学或语音学，你也能理解（或许甚至能模仿）"癖性"（idiosyncrasies），即个人变化（individual variation）（包括偏离常规）。你可能甚至自己引入这种偏离（deviation），例如，你可能成为一个诗人，从而改变你所说的语言的规则。

A：是这样，但一种语言仍然是一种理论。

B：但是，处理语言的方式完全不同于科学哲学家所说的处理理论的方式。

A：语法学家（Grammarian）力图明确阐述语言规则性……

B：……在给出穷尽一切的阐述方面，从未取得成功，因为存在太多的例外。此外，说语言的实践支配着语法学家的阐述，而不是相反。在医学系统中，用我们学习语言的同一方式来学习疾病症状和健康征兆。医生研习他的病人，直到他懂得"症状语言"（language of the symptoms）为止。这种研习根本不同于已持有一种理论（这种理论通常来自另一个领域）的科学医生的研习……

A：另一个领域？你意指什么？

B：这种理论不是通过总结医疗经验发展而来，而是从生物学、化学或甚至物理学强加而来。

A：但是，有机体是一个生物系统（biological system）。

B：它可能是，也可能不是。至少，有机体的全部行为不可能都遵循由非医疗经验所显明的生物学定律。但是，这一点从未被发现，因为已经把生物学定律强加给医疗实践，所以，我们注意生物学证据（biological evidence），不再注意医疗证据（medical evidence）：可证伪的事实的范围大大缩小了……

A：现在，你的论证像一个波普尔学派成员（Popperian）的论证。

B：只是使像你一样的波普尔学派成员理解我自己。但是，有一个重要得多的思考，我已经提到它了：在我现在正在讨论的这种意义上，医疗证据与病人理解的相近——事实上，我正在思考的这种医生常常向病人学习，医生询问病人，医生把病人的看法当作是最重要的。医生必须这样做，因为他想"在他自己的意义上"（in his own sense）而不是在某种复杂理论的意义上使病人健康。我已经告诉过你：健康和疾病（sickness）的观念（conception）在不同文化之间会呈现差异，在不同个人之间也会有所不同。治疗意味着：恢复病人所想要的状态，而不是恢复从某种理论观点看来是可取的抽象状态。因此，我心里想到的这种医生将与病人保持密切的个人关系（personal relationship），之所以如此，不仅因为他是医生，医生应该是朋友，而不是修理身体的管子工（body-plumber）；而且也因为他需要个人联系来学习他的技艺，学习和个人关系密不可分。然而，科学医生（scientific physician）戴着某种抽象理论的眼镜来看病人：病人成为一个排水系统（sewer system），还是成为一个分子集合或装满体液（humour）的一个袋子，这取决于理论。

A：但是，为了知道什么是相关的、什么是不相关的，你需要一种理论。

B：我同意。但是，首先不必用明确的形式获得理论……

A：但是，那样的话，你怎么能批判理论呢？

B：你怎么批判你自己对一种语言的理解呢？你系统阐述一种语法理论并检验它，还是你只是说话，看看它让你到达何处？

A：后面的程序（procedure）几乎不是科学的……

B：……假定科学只处理能被明确地系统阐述的东西。首先，有许多隐藏的假设，它们不必被揭示出来，但能通过改变我们的程序来改变它们。其次，"科学"（scientific）医生引入的理论是从某一别的领域引入的，不是从医疗实践自身发展而来；所以，它们经常与践行人道主义的医生的问题不相关，因为这种医生想让患者在他们自己的意义上是健康的。现在，你可能说：我们这儿有两种关于人体结构及其失调性质的理论，所以，问题是首选哪一种。不幸的是，几乎从未以那种方式来阐明那个问题。科学医生不认为经验论者（empiricist）提供了替代医疗（alternative），前者认为后者是幼稚的、不科学的（unscientific）无能者……

A：但是，你知道：仅仅在这里，科学哲学能给予许多帮助。

B：你在开玩笑吗？科学哲学家在忙于处理他们自己的专业细节（technicalities），他们非常忙，根本没有时间做其他事情。此外，不要求医生是科学的，但要求他医治病人。

A：但是，如果他没有知识，那么，他怎么能医治病人呢？

B：伤口（wounds）没有"知识"（knowledge），全靠它们自己来医治。

A：医生像伤口一样自动行动吗？

B：如果那有效果——为什么不呢？

A：但是，谁去判定效果呢？

B：病人，还是别的什么人呢？

A：那样，医生干什么？

B：帮助人体处于其自然过程（natural process），帮助人们有愿望过舒服而有益的生活——你难道不觉得这个讨论都离题了吗？它离题，正是因为科学哲学家习惯于引入他自己的概念，难道你不这样认为吗？他想建立模型，确定知识是什么、科学是什么。在他的这种活动方面，他不是非常成功——看看所有那些"本轮"（epicycle），它们是为了使逻辑学家（logician）可以接受诸如内容增加（content increase）和似真性（verisimilitude）这些思想而不得不引入的。它们是否有助于科学呢？从未讨论过这个问题——它或者被认为是理所当然的，或者被认为属于不同领域而拒绝讨论。但是，这种活动也与我们现在正在讨论的问题不相关。我已提出两类医生：科学医生（scientific physician）和"有人性的"医生（'personal' physician）［在过去，这两类被称为独断论者（Dogmatist）和经验论者（Empiricist），而且独断论者和哲学家不太尊重经验论者］。双方都有关于人体组织的性质，人体功能，医生的任务、诊断、治疗的思想，也都有关于知识性质的思想。问题是：谁是更好的"医治者"（healer）？ 这个问题与下面的那个问题无关：谁是"科学的"（scientific）？ 结果完全可以是：不科学的医学医治病人，而科学的医学（scientific medicine）却杀人。事实上，医生承认这种可能性。《新英格兰医学杂志》（*New England Journal of Medicine*）的荣誉退休主编英格尔费因戈（Frans Inglefinger）写道："虽然人们仍然在我们的医院里死去，但是，几乎没有人死去时未确诊病因。"知识增加了，内容增加了，但病人死了，因为科学医生及其盲目的辩护者（defender）（科学哲学家）喜欢"科学"（scientific）胜过喜欢仁爱。这是我提出如下想法的原因之一：我们要从专家（医生、科学哲学家等）手中接管基本问题（包括认识论问题和方法问题），并把它们交给公民去解决。专家将担任顾问的角色，人们将咨询他们，但他们将没有最终的决定权（say）。"公民的主动创造性取代认识论"（Citizens' initiatives instead of epistemology）——这是我的口号。

A：外行（laymen）应该决定科学事务（scientific matters），这是你的意思吗？

B：外行应该决定其周围的那些事务，纵然科学家对它们发表了意见，并按照科学家心愿来进行处理。

A：这将产生混乱。

B：是的，我知道这是你们这类人的老生常谈，因为你们想要保持你们的权力来控制通过坑蒙拐骗手段从公众那里盗窃的心灵和钱包。

A：但是，人们必须受到保护！

B：你已经说过那个，我回答过了，答案是：人们也必须受到保护，免受科学医学的伤害。事实上，人们甚至必须受到更多保护，免受这种医疗实践（practice）伤害，因为它比别的任何实践都更危险。它的诊断方法是危险的，它的治疗（或所谓的治疗）经常是剧烈的，医院的事故率（accident rate）要高于所有工业（只有矿业和高层建筑业除外）中的事故率。关于这方面，伊里奇（Ivan Illich，1926—2002）写道："如果具有类似业绩记录，那么，军官将会被解除其指挥权，饭馆或娱乐中心将会被警察关闭。"此外，医生（doctor）在许多病例中做出不同的决定，所以，不管怎样，他们如何做出决定取决于病人或病人的亲属。他们不会犯严重错误吗？当然，他们会犯错误——但是，他们的错误不比专家的错误严重。陪审团的每次审判都证明了这一点。自负的专家提供证词（testimony），但受到律师质问；就所讨论的问题来说，律师虽然是外行，却经常出现这种情况：专家不知道他们自己在谈论什么。陪审团审判是这样的一种制度（institution）：在专家（expert）的帮助下来判案，但不让专家有最后的决定权。正因为如此，再加上别的原因，总体而言应当把这种相同的制度安排应用于社会。人们有权利按照他们认为是合适的方式来生活，这意味着：必须赋予所有社会传统平等的权利（right），并必须给予它们平等的机会接近社会的权力（power）中心。传统不仅包括伦理规则和宗教，而且还包括宇宙学（cosmology）、医学知识（medical lore）、人性观，等等。因此，应当允许每个传统实践其自身的医学、从税收中扣除这样发生的医疗费用，还应当允许它用基本的神话来教育指导青年。正如我所说的，这是一项基本权利，所以，应该保护落实这项权利。其次，在其他传统中生活的效果给我们提供了关于科学效能（efficiency）的许多所需信息。前面你已说过：为了检验现代医学的效能，人们需要对照组（control group）。困难的是，任何人都不能强迫人们放弃他们认为是重要的治疗方式。但是，如果赋予传统平等的权利，那么，人们将根据他们自己的自由意志（free will）来选择其他形式的医学、心理学（psychology）和社会学（sociology）等，因此，将产生比较材料（comparative material）。在某种程度上，在"发展"（development）领域中，这种程序正在被认识到。西方的进步思想意指单一文化（monoculture）、与世界市场（the World Market）相联系、根据市场来评价效果，这些思想从前仅仅是被强加的。现在，至少一些国家与当地居民（local population）讨论其"贡献"（contribution）的性质，从而继续前行。不再让专家在人们及其问题之间横插一杠。如果把这种方式应用到西方，那么，这意味着诸如建桥、使用核反应堆（nuclear reactor）、确定因犯态度的方法之类的问题将由公民自己来决定。

A：这将必定导致许多愚蠢的争论和荒谬的结果。

B：我同意这一点，但将有重要的差别。这些争论将涉及当事各方（concerned parties）；那些荒谬的结果将是由参与者（participant）获得和理解的结果，而不是由几个专家用一种没有人懂得的语言相互叫喊而获得和理解的结果。暂且这样认为：由我们的所谓专家而获得的所谓结果同样是荒谬的，荒谬性一点也没有减弱。仅仅参访一次哲学（科学哲学）会议：我们的"理智精英"（intellectual elite）如今"制造"什么样的废话，还浪费纳税人（taxpayer）的钱财，这令人难以相信。确实，所有时代的"伟大人物"（Great Men）"制造"了什么样的废话，这令人难以相信；如何理解普通大众的轻信上当受骗，这也是困难的。

A：你仿佛对人类的领袖不太尊重。

B：对于想成为领袖的人，或对于允许形成产生这种"领袖"（leader）的学派的人，我不必太尊重。恰恰相反，我认为许多所谓的人类"教育者"（educator）只是权力饥渴的罪犯，他们不满足于自己微不足道的自我，还想统治其他人的心灵，竭尽全力来增加奴隶的人数。他们没有增强人们发现自己的道路的能力，而是利用人们的弱点、人们学习的愿望、人们的信任，之所以这样做，他们是为了让这些转变为他们自己想象贫乏的全面证明。一个教师的首要职责是这样警告他的听众（audience）：在他讲述一个他喜欢而且对听众也有很好启迪的故事时，听众千万不要受骗。教师的首要职责是要告诉其听众这样的东西：你们知道的远比我知道的多，但是，你们或许将不会发现我的描述（account）令人不快。或者，他可以利用幽默来缓解其故事可能产生的任何"理智影响"（intellectual impact），因为看见人们大笑肯定更好，要好于把人们变成一群目瞪口呆的猿猴。

A：你肯定不怎么尊重人。

B：正好相反，我敬佩许多人，我尊重许多人，但我尊重的几乎没有知识分子（intellectual）。我敬佩黛德丽（Marlene Dietrich，1901—1992），她的人生长期别具风格，教给我们许多人一两个东西。我敬佩布洛赫（Ernst Bloch，1885—1977），因为他用大众语言讲话，并提升大众及诗人对生活的丰富多彩的描述。我敬佩帕拉塞尔苏斯（Paracelsus，1493—1541），因为他知道没有爱心（heart）的知识是空洞的东西。我敬佩莱辛（Lessing，1729—1781），因为他独立，愿意改变其心灵；我敬佩他，甚至是因为他的诚实，因为他是那些非常稀有的人中的一员：那些人能够同时既诚实又幽默，他们把其诚实用来指导他们自己的个人生活，而不是把他们的诚实用作棍棒来敲打逼迫人们顺从，也不是把它用作陈列品，从而使画廊赏心悦目。我敬佩他，因为他的风格是自由、清新、生动的，确实非常不同于（比如）《客观知识》（*Objective Knowledge*）所具有的那种简单性（simplicity）和专业味道（literacy），后者充满自我意识，而且已经有点僵化。我敬佩他，因为他是没有教条的思想家，是没有学派的学者——对于他而言，他着手处理的每个问题、每个现象都是一个独一无二的情形，不得不用一种独一无二的方式来说明和澄清。他的好奇心没有界限，而且没有"标准"（criteria）限制其思维：在每一个研究调查中，都允许思想和情感之间、信仰（faith）

和知识之间相互合作。我敬佩他，因为他不是满足于虚假的明晰（clarity），而是认识到：获得认识（understanding）经常要通过事物的"模糊化"（obscuring），要经过一种这样的过程——在此过程中，"看上去仿佛是清晰的东西消失于距离不确定的地方"。我敬佩他，因为他不是拒绝梦想和童话，而是欢迎它们，把它们作为从更坚定的理性主义者的枷锁中来解放人类的工具。我敬佩他，因为他没有被限制于任何学派、任何职业，因为他感到不需要像年老的交际花一样时常用理智之镜来审视自己，因为他也不想积累"名气"（reputation），这种名气体现在脚注、致谢、学术演讲、荣誉学位（honorary degree）以及为缓解不安全者恐惧感的其他药物（medicine）中。最为重要的是：我敬佩他，因为他从未尝试获得控制其同伴的权力，既没有通过暴力也没有通过劝说来获得；因为他满足于"像麻雀一样自由"——而且也同样保持好奇心。所以，是的，我敬佩的人有很多，其中包括理性主义者，他们是像莱辛或海涅（Heine，1797—1856）一样的理性主义者，而不是诸如康德（Kant，1724—1804）或波普尔〔Popper，1902—1994，他是我们的微型康德（miniKant）〕之流的理性主义者——因此，我是今天一切理性主义的仇敌，而且不可和解……

A：哎，我的朋友，多么狂热（enthusiasm）——我从未看到你如此激动。你几乎充满宗教激情……

B：那不要紧——我是病人，有时易于发疯。

A：你保持严肃认真不能超过一两分钟。啊，好吧，跟你谈话肯定是有趣的，我希望你不要太快恢复健康，因为我更喜欢你的病态狂热，要胜过喜欢你的健康的犬儒主义（cynicism）。

B：你把你自己称为"理性主义者"！

第三对话录（1989 年）

第三对话录

A：你还相信占星术（astrology）吗？

B：谁告诉你我曾相信占星术？

A：你自己。你记得我们上次碰到的时候，你详细地谈论占星术、信仰疗法（faith-healing）和其他声名狼藉的学科。你对它们非常狂热。

B：我不记得我说了什么……

A：你不必记得准确的原话，你的主张（position）意指……

B：我的"主张"？

A：对，你的主张，你的哲学（philosophy），或者，你想称之为的任何什么东西。

B：谁告诉你我有过一种"哲学"？

A：好吧，我看你变化不大。首先，你提出荒谬的陈述（statement），责备好的思想，颂扬胡说八道（junk）；你说应该做这个，应该避免那个——但是，当有人力图理解你，设法让你讲明你的意思时，你又否认一切："我是哲基尔博士（Doctor Jekyll），我什么也没有做。"任何人怎么能认真对待你呢？

B：你曾交过朋友吗？

A：我有许多朋友。

B：无疑，你说他们的好事。

A：当我说到他们时，是这样。

B：你曾经疏远过一位朋友吗？

A：嗯，我有些失望。

B：不对，我意指别的事。你与某一个人的关系突然莫名其妙地变得没有以前那样友好了，你曾经历过这样的事吗？或许，你厌烦那个人了。

A：哎，我们之间可能产生了隔阂——我仍然设法在这些事情上是理性的……

B：但是，你并不总是成功的！偶尔，你们成为陌生人，也许相互之间甚至有点敌对——可是，你不能准确指出它。

A：在这种情形下，我肯定想尝试与我的朋友讨论这个问题——友谊不是轻易放弃的东西。

B：同意！你们将谈谈。但是，你们将总是达成两个人都能接受的结论吗？疏远意味着你们不能很好地相互理解，所以，讨论可能没有进展，甚至可能是痛苦的……

A：我不愿满足于那样……

B：好了，你们不能总是这样下去；在某一关节点上，你们不得不承认你们相互之间不再有要说的任何东西了；接着，合理的事情就是停止交谈，断绝来往。

A（沉默）

B：我明白，我已触到了伤心处……

A：好吧，事情是正如那样发生的。但是，这与我们的问题有什么关系呢？这与你拒绝坚持你的主张有什么关系呢？

B：我马上告诉你。现在看一位朋友，你与他正在逐渐变得疏远起来。你每天遇见他（或她），与他（或她）交谈，你们能一起讨论的东西越来越少，你们共同的兴趣（interest）慢慢消失了，你们变得相互厌烦了，你们看到了对方的厌烦（boredom）的征兆，或看到了对方的不耐烦（impatience）的征兆，你们的行为改变了——关于你的朋友，你对别人说的就是这样……

A：事情是这样发生的，我同意。但是，当发生了这样的事情时，我将设法找到其原因（reason）。

B：不用在意那些原因——我现在正在谈论这种过程自身。原因可能是你的朋友已经认识了新的人，隐隐约约改变了其人生观（outlook），即改变了其"隐知识"（tacit knowledge）；原因可能是你自己因为新陈代谢变化而发生了变化，或者是因为你看了一场震撼的电影（或者是因为你坠入爱河）而发生了变化——谁知道呢！无论发生变化的原因是什么，你们现在相互对待对方的行为完全不同了，更为重要的是，你们关于相互之间关系的思考和言谈完全不同了。

A：现在，我理解你在说什么了！你想说的是：你与世界及其物质方面和社会方面的关系发生变化，正如两个人之间的关系发生变化一样……

B：正是这样。在1970年，我写作《反对方法》（*Against Method*）的第一版；那时的世界不同于现在的世界，那时的我不同于此时此刻的我，不仅在理智上不同，而且在情感上也不同……

A：但那不是我评论的要点（the point）。我批判你，不是因为你改变了你的哲学或主张，而是因为你压根就没有主张，或者是因为你漂移不定，从一种主张跳跃到下一种主张，正如你闹情绪（mood）一样，飘忽不定。今天，你为占星术辩护；明天，你的爱好（taste）变化了，你赞美分子生物学（molecular biology）……

B：绝对不是那样……

A：无论如何，让我们承认我们的周围环境发生了许许多多的变化。天气（weather）变化：有大尺度的变化，如从冰期（Ice Age）气候变为更温暖的气候（climate）；有小尺度的变化，如从雨天变为晴天。人们发现了新的数学形式——变化随处都是。但是，理性主义者不仅在这种变化的海洋中漂流，而且他们还设法使他们自己的变化适应其周围的变化……

B：你意指他们有使其适应新事实和新数学形式的理论……

A：对。前面关于两个人关系变化的那个事例（case）更复杂一些，原则上没有什么不同。

B：你说这些话意味着：我能原则上把我的变化（change）与我朋友的变化分离开来，并能对后者进行客观描述（objective account）。

A：是的。

B：例如，详细说来，我能说：此刻，他脸上可以"客观地"（objectively）露出友好的微笑，不管是否有人在看他的微笑。

A：是的。

B：但是，毫无疑问，你知道：如果把同一张面孔放入不同的故事中，那么，能用非常不同的方式来解读。

A：你的意思是什么？

B：假定你有一张笑脸图。现在，把它放入如下文本中："……最后，他把那个小孩抱在他的怀里——他的儿子，他的独子！他温柔地看着他，脸上微笑着……"——好了，读者将把这张图"解读"（read）为描绘一个人脸上洋溢着温柔微笑的图画（drawing）。

A：那又怎么样？

B：下面，把这同一张笑脸图放入下列文本中："……最后，他使敌人蜷缩在他的脚上，祈求怜悯。他弯下腰来，残忍地冷笑（smile）着，对敌人说……"——在这段文本中，这"同一张"（the same）图画将被解读为描绘了残忍的冷笑。不管怎样，一张脸能被用不同的方式来解读，也能通过不同的方式来显现，这依赖于与境（situation）……

A：但是……

B：等一下。让我给你再举几个例子！很久以前，我与一位南斯拉夫（Jugoslavian）女士（前奥林匹克运动会冠军）恋爱了，非常疯狂。

A：我听说过你的疯狂的风流韵事（adventures）。

B：绝对是流言蜚语！嗯，那段风流韵事开始时，我是 28 岁，她是 40 岁。我们一起生活了几年，然后分手了。我去了英国（England），接着又去了美国（USA）。在她大约 60 岁的时候，我去探访了她。我按响门铃，门开了，看到一位矮小的胖老太太，头发灰白。我说："啊！她有管家"——但这就是她，我意识到这一点时，她的脸改变了，变成了我记忆中的那张年轻的脸。另一个例子：在美国，我与一位比我年轻得多的女士（非常有魅力的女士）结婚了。那桩婚姻并不美满。

A：绝对是你的过错！

B：我认为这不是任何人的过错，尽管我同意说我是一个难以一起生活的人。无论如何——一段时间后，她看上去不再那么漂亮了。有一天，我去图书馆浏览杂志，在远处，我看到一位非常有魅力的女士。自然而然，我走近她——但是，她是我的夫人，我一意识到这一点，她就变了，她的脸就变成一张普通的脸了。

A：像乔瓦尼（Don Giovanni）和爱尔维拉（Donna Elvira）一样……

B：正是如此！这是一个绝佳的对比！下面看第三个例子。几年以前，我向一面墙走过去，看到一个非常不体面的人向我走来。我心想："这废物是谁？"——接着，我发现那面墙事实上是一面镜子，我一直在看我自己。马上，那个废物变成一位理智模样的文雅人物。因此，你明白，你不能简单地说一个人的"客观的"（objective）微笑（smile）；因为人际关系（human relation）是由微笑、姿势（gesture）和感情（feeling）组成的，所以，"客观的"友谊是一种不可能出现的观念（notion），正如固有的大（inherent bigness）是一种不可能出现的观念一样：事物的大和小是相对于（relative to）其他事物而言的，而不是存在于事物自身中。一个微笑是相对于观察者（observer）而言的，它不是存在于微笑自身中，也不是相对于其自身而言的。

A：但是，关系（relation）能够是客观的——相对论（the theory of relativity）证明……

B：如果构成关系的要素（element）被包含在产生新事件的历史过程（historical process）中，那么，关系就不能是客观的！在这种情形中，我们能描述某一特定阶段的关系，却不能推广（generalize），因为不存在由永恒而可客观化的（objectivizable）特征来构成的永恒基础（permanent substratum）。只要看看西方肖像艺术（portraiture）的历史，从古希腊直到（比如）毕加索（Picasso，1881—1973）、科柯施卡（Kokoschka，1886—1980）和现代摄影师（photographer）。不要错误假定：这些图片（picture）显示了人们看别人时看到了什么——我给你讲过的那几个故事（至少对我而言）说明了这一点：我永远无法知道你怎么看我、我怎么看我自己；因此，我永远无法知道我"真正"（really）是谁（或者就这方面而言，任何人"真正"是谁）。就我所关心的来说，自我认同（self-identification）的一切努力仅仅在固化某一方面（aspect）取得成功，但并未揭示一种各个方面独立的"实在"（reality）。例如，皮兰德娄（Pirandello，1867—1936）在其《亨利四世》（Enrico IV）中经常谈论这种问题："我不希望你（像我一样）思考这种真会使人发疯的恐怖情形：如果由你之外的另一个人来看你（正如在某人的眼里，日子是孤独的），那么，在一扇从未向你开启的门前面，你可能也是一个可怜的家伙；因为进入那儿的人永远不会是你，而是你不认识的某个人，他有自己的世界，别人不能进入。"因此，你能做的一切就是报告你的印象（impression），并在你的报告上添加几条评论，期待最好的结果。

A：但是，这是荒谬的。

B：当然，这是荒谬的！我们生活在一个荒谬的世界中！

A：等等！等等！我们正在谈论这些问题（matter），并且想要得出结论（come to conclusions）。让我们以演员（actor）为例——你看起来喜欢演员。

B：我确实喜欢演员。他们创造（create）假象（illusion），并且懂得虚构（makeup）艺术，而你们一般的哲学家对虚构（对于哲学家而言，就是理智虚构）艺术却知之甚少，因而遭受（suffers from）已发现"真理"（the Truth）这种假象的折磨。

A：好了！显然，我不同意你——但是，我不想论证这个问题。我想说的是：你的评论反驳了你的荒谬性（absurdity）假设。你说：演员创造假象。一个演员如何创造假象呢？他开始时有一个关于其将要扮演的角色（character）的想法；他思考诸如此类的细节，如姿势、那个角色走路的样子及其说话的癖性（idiosyncrasies）；他化妆非常细致，以便面容（face）恰如其分。他有一个目标、一套规程和一种判定效果的方式。法官（judge）、辩护律师（advocate）、原告（plaintiff）和被告（defendant）各行其是，各说其话，因为他们知道什么正在发生；你用某种方式对我所说的做出回应，因为你认为你的评论将使我心绪不宁，或者将把我拉向你的一边……

B：太离谱了！我没有站在"一边"（side），即使我站在一边，我也不愿意与陌生人挤在一起……

A（他好像没有听见）：……无论如何，有理解（understanding），纵然没有完全的理解；有一致（agreement），或者，有分歧（disagreement），纵然事情从来都不是确定的；现在，你想提出所有这一切都建立在沙滩上。

B：但是，它确实如此！你从那个过程的简单性（simplicity）论证到其所包含要素的简单性和综合性（comprehensibility）……

A：我不想说那个过程是简单的——一个演员获得适当的想法（idea），并把它们变成适当的有形体现（embodiment），这可能要花费几个月的时间；准备一个审判可能要花费数年时间！

B：确实——它可能要花费数月，甚至数年！但是，关于步骤，存在某些一致；演员能向别人说明其目标；而且，还达致结论。这就是你刚才所说的。我所说的是：进入那个过程的要素随参与者（participant）的不同而不同，而且其变化方式无法控制，无法洞悉（insight）。因此，争论（debate）不像沿着清晰可辨认的道路旅行。争论道路的每一段都能成为幻想（chimaera），即使它不是幻想，即使在你和别人的脚下有坚实的地面，你也根本无法确定这不是在做梦；或者，更糟的是，当别人以为你是完全醒着的，从而对你的幻想（fantasies）做出回应时，你却根本无法确定你不是在说梦话。

A：你确实有奇谈怪论——我甚至不知道从何处开始！

B：行了，就到此为止吧！你看到一种相当有序的进步（progression），从一种思想或行动进步到另一种思想或行动，而我却看到一系列奇迹（miracle）。

A：好吧！如果我正确地理解了你，你不仅说它"偶尔"（occasionally）发生，而且还说它向来如此。因此，你能做的一切就是报告你的印象，期待最好的结果。

B：你对我的理解是对的。

A：那么，人们不认真对待你是合理的。

B：我推测，你用"人们"（people）意指哲学家（philosopher），对吗？

A：还有社会学家（sociologist），以及所有理性的人。

B：也包括诗人吗？

A：你认为你是诗人吗？

B：我希望我有诗歌的才能（talent）——但是，看看有许多人，他们报告其从诗歌、戏剧（play）、图画（picture）和小说（novel）中所获得的印象——他们不仅知识渊博，而且还提供了某种东西；我们能向他们学习，我们能从世界向他们显现的方式中学习……

A：但是，你刚刚说过：只有假象和奇迹！

B：我那样说了吗？那么，我表达我自己很拙劣。毕竟，说到假象就假定了某种"实在"（reality）。但是，我确实说过：奇迹到处都有，学习（learning）就是其中之一。

A：下面，像大家一样，让我们忘记奇迹，只用简单明了的方式来谈论，——如果我们那样做，那么，我就不得不批评你，因为你力图从错误的信息源来获得信息（information）……

B：错误的信息源？

A：戏剧、图画和诗歌属于艺术，它们与知识几乎没有关系。

B：那是你要表达的意思。但是，我为什么应当接受你划分人们这些活动的方式呢？例如，请考虑一下：柏拉图的对话、庄子（Chuangtse，公元前369—前286）的故事、托尔斯泰（Tolstoy，1828—1910）的小说、布莱希特（Brecht，1898—1956）的诗歌都包含了伟大的智慧（wisdom）。你曾读过布莱希特的诗歌《写给我们的那些后来人》（'To those who are born aftor us'）吗？它报告了印象，但我们能从中得到多么有震撼力的教训！

A：你把所有类别（categories）都合并了。当然，我承认在这些故事、对话和小说中有智慧，但是，理性知识（rational knowledge）……

B：这里，你又在用你的子分类（subdivision）！智慧与"理性知识"相反……

A：但是，在这里，确实有真正的区别（distinction）！事实上，西方的第一批哲学家就提出了这种区别，因为他们想用更好的东西来取代诗歌

（poetry）（他们意指荷马的诗歌）。他们说：诗人表述虚假性（falsehood），唤醒情感（emotion），而没有使人们作为负责任的公民来为其工作做准备。

B：这正好证明了我的观点！一方是庄子、荷马和赫西奥德，另一方是赫拉克利特（Heraclitus，约公元前 500 年）和巴门尼德等，他们不仅做不同的事情，而且还相互竞争。柏拉图自己讲到"哲学和诗歌之间的古老的争吵"。双方都提供了关于世界及人在其中所起作用的图像（picture）；但是，根据哲学家的观点，诗人的图像是模糊的，而且绘图方法也是错误的。现在，我的问题是：哲学图像及其后代（科学图像，具有其抽象概念和严格定律）就如此好吗？与由布莱希特或托尔斯泰提供的智慧工具相比而言，从巴门尼德、柏拉图、亚里士多德和康德（Kant）等的理性主义（rationalism）发展而来的智慧工具（instrument of wisdom）就如此令人满意，以致我们就能忽视前者吗？

A：但是，我们没有忽视它们！它们仍然存在，兴盛不衰，在我们的学校里教授它们……

B：是的，它们仍然存在，也教授它们。但是，把它们指定为一个特殊的类别！把它们称为"艺术"。也就是说，这种理论（即由理性类别提供的解释）认为："理性"（rational）思想产生"客观的"（objective）信息，而艺术却没有产生客观信息。在心理学课程里，你学习实验和理论，但不阅读屠格涅夫（Turgenev，1818—1883）的著作。

A：好吧，艺术家的工作确实不能取代我们现代粒子物理学家（particle physicist）的工作。

B：你不能根据极端情形来概括……

A：但是，难道你不正是那样做的吗？力图把艺术扩展到一切知识领域中？

B：不是，绝对不是！我的意思是指艺术包含某些知识，而不是说：

对于来自各种科学（sciences）的每条信息，在艺术中都存在一条相对应的信息，而且"同样重要"（equally weighty）。哎——甚至对于各种科学来说，这也不是真的！例如，并不是在科学（science）的一个领域中所做的每个发现都能在与其竞争的另一个领域中得到复制或改进。置换（transposition）和不可逆性（irreversibility）是运用唯象方法（phenomenological method）发现的，但耗费了时间和大量思索之后，人们才得到微观解释（micro-account）。在某些方面，不可逆性问题并没有得到解决，甚至直到今天也没有得到解决——但是，仍然有唯象理论（phenomenological theory）的第二定律！偶尔，这种情形受到逆转：在权威阶梯上低的一个领域产生的评价（estimate），与在阶梯上高的一个领域产生的评价发生矛盾——那个"不重要的"（unimportant）评价结果是对的。地质学家（geologist）和天文学家（astronomer）之间关于适当时间尺度（time scale，长期和短期）的争论就属于这一类别。另外，心理学家（psychologist）、生态学家（ecologist）和人际关系（human relation）专家能从诗人、小说家（novelist）、演员［例如，斯坦尼斯拉夫斯基（Stanislavsky, 1863—1938）］、戏剧家（dramatist）［例如，埃斯库罗斯（Aeschylus，约公元前 525—前 456）、莱辛［Lessing, 1729—1781）或布莱希特］那里学习许多东西；甚至也能向贝克特（Beckett, 1906—1989）学习许多东西，尽管那家伙根本不是我喜欢的作家。庄子给我们讲述了下面的故事：

> 南海之帝为倏，北海之帝为忽，中央之帝为混沌。倏与忽时相与遇于混沌之地，混沌待之甚善。倏与忽谋报混沌之德，曰："人皆有七窍，以视听食息，此独无有，尝试凿之。"日凿一窍，七日而混沌死。（《庄子·应帝王》）

在这个故事中，推动力（motive force）是感激而不是放肆（presumption）和贪婪，除此以外，这难道不是关于殖民地化（colonization）和某些方面

"发展"（development）的绝佳类比（analogy）吗？

A：我根本不明白这种联系。

B：好吧！对于一个故事，不是每个人都用相同的方式去反应。我自己反应强烈，立即就看到了这种联系。

A：这意味着我们正在处理主观印象，而不是处理知识！

B：随便你怎么说——此过程有重要作用，甚至在科学中也是如此。

A：我不信！

B：你听说过超弦（superstring）和所谓的"万物理论"（Theory of Everything）吗？

A：我听说过这些词——但是，对于那个理论的一切内容，我却一无所知。

B：嗯，这是一种尝试（attempt）（一些人说：这是一种非常成功的尝试），尝试从单独的一个基本理论（fundamental theory）中推导出空间、时间和物质（matter）的性质。那个理论并不是完备（complete）的，例如，关于基本粒子（elementary particle）的已知质量（mass）就什么也没说，但是，却有一些非常有趣的结果。在许多物理学家心里，细节的涌现只是一个时间问题。然而，其他的物理学家（physicist）却说此理论"是发疯，走在错误的方向上"。费曼（Richard Feynman，1918—1988）在英国广播公司（BBC）对他的访谈（这篇访谈发表在一本极为有趣的小册子《超弦》中，参见：*Superstrings*, P. C. W. Davies and J. Brown，eds，Cambridge University Press，1988，p194）中说过下面的话："我不喜欢他们不计算任何东西。我不喜欢他们不检验他们的思想。我不喜欢对于任何与实验不一致的东西，他们编造一个说明——一个固定的说法'好了，它仍然可能是真的'……"等等。

A：嗯，那难道不是一个有效的批判（criticism）吗？

B：是，也不是！从来没有理论是完备的，每个理论都能得到某些改进（improvement），正如每个故事都能得到某些改进一样。此外，在早期阶段，一个理论会面对许多相矛盾的事实，请注意：这些"早期阶段"能持续数月、数年甚至数世纪。

A：几个世纪？你有例证吗？或者，像往常一样，你又在夸张？

B：不对。我有例证（example）：在拉普拉斯（Laplace，1749—1827）找到解决办法之前，对于木星（Jupiter）和土星（Saturn）的行为，牛顿（Newton，1642—1727）的理论似乎无能为力。牛顿知道这种不一致（discrepancy），而且把它用作一种支持上帝干预的论据。我有一个甚至更好的例证：原子理论（atomic theory）在古代（在公元前五世纪）就构想出来了，但受到亚里士多德（Aristotle，公元前 384—前 322）反驳……

A：亚里士多德反驳原子论（atomism）？

B：他有绝佳的论证来反驳它，这些论证部分来自常识（commonsense），部分来自当时的物理学。而且，他也绝不是论证反驳原子（atom）的最后一位作者，迟至十九世纪，科学家还在论证反驳原子论。一些人（一些非常聪明的人）仍继续致力于这方面的工作。

A：或许，原子论是成功的。

B：在某种程度上，它是成功的；但是，其他的替代者（alternative）也是如此。一方面，原子论经历了许多困难，经验性质的困难和形式性质的困难都有。因此，选择原子论的科学家，或者以完全非理性的（irrational）方式行事，然而却是幸运的——这证明非理性是有好处的——或者，他们相信非经验和非形式的论证，总而言之，他们相信许多人称之为形而上学思考的东西。在这两种情形中，他们都能得到故事的支持，不同的科学家使用不同的故事作为他们的支撑：如果他们是"非理性的"，那么，他们将选择他们最喜欢的故事，并跟随其引导。如果他们想论证，那么，他们仍将选择某一故事，并从中引申出其他人一无所知的教训（lesson）。汤川秀树（Yukawa，1907—1981）预言了 π 介子（pi-meson），对他而言，我上面讲述的故事是关于基本粒子层次情形的一个非常精彩的明喻（simile）。

A：我认为你从明显的事实中得到错误的结论。科学家不得不吃饭，所以，食物在他们的研究中起了作用。然而，我不会说：食物进入研究；或者，它是研究的要素。同样，你的故事可能在研究中起作用……

B：等一下，当心——为了设法使科学保持理性，你却使其更加非理性……

A：你的意思是什么？

B：我引入故事，是因为故事由言辞（words）组成，而且我们通过言辞来论证。把故事与食物或睡眠放在同一层次上，你意指重要的科学决定（decision）和大多数研究领域超出了论证的范围；或者，用你喜爱的咒骂（invective）来说，你意指它们是非理性的。

A：我没有听懂你。

B：记住，我们正在谈论这样的一种情形：或者，从两种经验不充足、形式上不能令人满意的理论中，科学家选择一种；或者，科学家喜欢一种经验不充足、形式上不能令人满意的猜想（conjecture），胜过喜欢牢固确立的一种好理论。在这种情形中，或者，我们能说这种选择是非理性的；或者，我们能说这种选择是有理由的，尽管那些理由（reason）显然既不是经验的，也不是形式的——或者，正如一些人习惯于说的，那些理由不是"科学的"（scientific）。现在，请你任意挑选。你想说在这种情形中做选择的科学家毫无理由，只是依据突发奇想吗？

A：如果有人能证明他们有理由，那当然好了。

B：但是，它们是什么种类的理由呢？那些公式（formula）是错误的，那种证据（evidence）是相反的——科学家知道这一点。然而，他们希望取得成功。这意味着：他们持有（a）一种与他们的公式和证据经验（lesson）都不同的观点（view）；他们拥有（b）一种关于这种观点发展历史的预言（prophecy）。此外，他们还需要（c）关于如何分析检验这种观点的一些思想，例如，他们需要关于如下内容的思想：他们将容忍多少与证据相冲突的矛盾以及多少内部的不一致（incoherence）。换句话说，他们有形而上学（metaphysics），有预言，还有研究风格。预言、形而上学观点和风格能得到论证——但是，论证没有效力。费曼想让研究（research）受到事实和数学的严密控制。那是一种风格，基于一种形而上学。超弦理论家（superstringer）准备向远处的蓝天漫游，希望在那儿找到宝藏（treasure）——这是另一种风格，基于另一种形而上学。它像不同的故事，能被不同的人理解，并给他们为不同的事情提供论证。

A：你意指那些故事是不可通约的（incommensurable）？

B：根本不是那个意思。给了时间，对手们很可能彼此向对方说明相关问题——然而，目前缺少这种说明（explanation），也不理解那些故事。这就是它的全部意思，它出现在各种科学中，也出现在政治（politics）中。事实上，它遍布各处。

A：我仍然对你的庄子故事感到不满意。我力图理解它可能表达的意义——假定我理解了，假定我真正明白与发展的一些联系。但我仍想说：它仅仅是在播散情感之雾，以掩盖整个情形。

B：主啊！请保护我们，免受理性主义修辞（rhetoric）的伤害！那个故事可能确实让整个情形都充满情感，但是，这阐明了情形，并没有用雾来掩盖情形。对于创造一种新的明确的视角（perspective）而言，情感和具有情感冲击力的故事是强有力的工具。某一发展者（developer）可能认为他做了许多善事；现在，他阅读那个故事——突然，事情显得大为不同了。十多年以前，我们讨论过显微镜（microscope）的案例，还记得吗？

A：我不确定……

B：哎，我告诉过你（你也同意）：一位用显微镜来观察的新手可能看不到任何确定的东西，仅仅看到一团混沌（chaos），由结构和运动组成。他已经读过教科书（textbook），也已经看过有趣生物（creature）的精彩图画，但是，他在其视野（field of vision）内的任何地方都没有发现这些生物。他不得不学会用新的方式来看东西。另外，我还告诉过你：这同一现象至少能部分说明为什么早期人们不愿意接受伽利略的望远镜观察。在社会领域（它包括科学交流），我们没有望远镜（telescope）或显微镜，只有我们的本能（instinct）、信念（belief）、所谓的知识和知觉（perception）。强烈的情感可能改变它们，使我们用不同的方式来看待事物。我想说的是，庄子的故事与显微镜视野中的指导训练（instruction）能够具有相同的功能（function）。社会学家（sociologist）在渴望模仿他们认为是正确的科学程序（scientific procedure）时，排除指导训练所有这些"主观的"（subjective）手段，因而使他们自己和别人看不见世界的重要方面；他们力图是"客观的"（objective），但终结于主观的牢狱。哎，甚至物理学家也向庄子学习。汤川秀树（我已经提到过他）写道："下面这种说法是有可能的：万物最基本的东西没有固定的形式，而且，它与我们目前认识的任何基本粒子都不相符合。"后来，他又说："书籍用各种各样的方式来制造吸引力，但是，我特别喜欢这种著作：它创造它自己的世界，在这个世界中，它成功地使读者沉醉（只要短时间就行）。"读者自己沉醉了，他呈现为不同的人，与其周围世界有不同的关系，并有关于该世界的不同思想——两个人相遇，相识，成为朋友，又变成陌生人，在此过程中，出现的正是这种种类的发展。此外，在相当大的程度上，物理学的某些部分现在正经历的变化缩小了艺术、人文学科（humanities）与各种科学之间的距离；最近的各种科学史（history of the sciences）研究表明：那个友谊故事（friendship story）（用历史观点去解释，而不是"客观地"解释）也根本不是那样令人难以置信。

A：你在谈论什么？

B：历史学家（historian）已经研究了那些事件发生的实际序列（sequence）：

从科学问题（scientific problem）到猜想，到唯象计算（phenomenological calculation），到获得设备；再到准备实验、试验运行（trial run）、数据评估、结果预测（projection of result）；最后，到最终接受结果，不是所有科学家都接受那些结果，而是非常熟悉那个问题的小群体（small group）的几乎所有成员都接受那些结果（其他人基于非常不同的理由而接受或反驳那些结果）。历史学家利用信件、计算机打印资料（computer printout）、业务往来（business transaction）记录（这非常重要，今天实验遍布所有有人居住的城市）、会议报告、日记和个人访谈（personal interview）来研究这种序列，而不是像老的历史学家那样，仅仅利用"最终成果"（finished product）（即论文或传记）来研究这种序列。经过用这种方式进行研究，他们发现那个过程包含许多试探性的（不是明确的）东西；事实上，它包含在两个人变得友好、超然、疏远的过程中，所发生的许多东西。

A：这正是波普尔的说法。他说：在处理问题时，我们提出猜想；猜想是试探性的（tentative）；在反驳（refutation）的基础上，我们修正猜想……

B：这正是在科学研究的决定性关口（decisive juncture）不会发生的事情。可能有猜想，但是，许多猜想是无意识的；它们改变和修正，不是经过明确的讨论，而是作为全面的适应过程的组成部分。而且，要注意：适应（adaptation）没有涉及称之为"客观实在"（objective reality）的神秘实体（mystical entity），而是涉及人和特定事物（things）之间的真实关系（real relation）。它涉及同事、钱袋子（moneybag）、财政约束（financial restriction）、时间限制、不断变化的大量的数学形式主义（formalism）、疏离的监督小组的判断、数据处理机（data processor）的能力、有吸引力的人或物（magnet），等等。甚至，政治也起作用：欧洲核物理研究所（CERN，Conseil Européen pour la Recherche Nucléaire）基于各个国家之间的政治协议（political agreement）而受到基金资助，而且在为了提高国家声望的各种各样努力的影响下来决定接受或拒绝提案（proposal）。在此过程中各个阶段发生的现象类似于微笑的变化，从友好的微笑变为残忍的微笑；而且，这类现象使得此过程继续下去。如果实验仍然是小规模的，那么，实验者（experimenter）与其设备的"个人"（personal）关系就起着重要作用——请读一下霍耳顿（Holton）关于密立根（Millikan，1868—1953）–埃伦哈福特（Ehrenhaft）争论的论述。实验者"懂得"他的设备（equipment）。一部分知识能被写下来；但大部分知识是直觉的（intuitive），它是一种学习过程的结果，这种学习过程与人们学习跳舞、驾车、说一种语言、与难相处的人相处的过程具有许多共同之处。请读读波兰尼（Michael Polanyi，1891—1976）关于"隐知识"（tacit knowledge）的阐释。加里森（Peter Galison）写了一本非常有趣的书《实验结束的方式》（*The Way Experiments End*），该书说明旧有的"理性重构"（rational reconstruction）如何虚假、如何全然虚幻。请读一下这本书。如果你真想保持诚实，那么，你能做的全部就是"讲故事"（to tell a story），故事与同一领域或遥远领域的其他故事具有模糊的并列类比性，但包含不可重复的要素。现在，哲学家（还有一些科学家）习惯于把类比（analogy）提升到原理（principle）高度，并习惯于主张：（1）这些原理构成所有推理（reasoning）的基础；（2）它们是科学成功的原因；以及（3）因此，科学值得在我们文化中占据中心地位。（1）和（2）是假的，从它们推出的结果（3）也同样是假的。

A：你的意思是要否认如下现象：存在各种理论，而且不同领域的不同实验者和不同理论家（theoretician）在其研究中使用相同的理论。是这样吗？

B：我根本没有否认那个——但是，问题是：是什么保持相同呢？可能有相同的公式（虽然，甚至那也不总是真的——这就是为什么许多论文和教科书在末尾要用符号表）——但是，毫无疑问，使用它们的方式非常不同。在《自然哲学的数学原理》（*Principia*）中呈现的牛顿理论（Newton's theory）几乎与牛顿后来提出的摄动（perturbation）计算无关，这两者不同于十八和十九世纪的力学［在牛顿那儿，任何地方都没有发现 f=ma（力等于质量乘以加速度）这个公式］，这些力学理论又不同于相对论家（relativist）和量子理论家（quantum theoretician）的"经典力学"（classical mechanics）。我们所拥有的是一种故事，它具有某种核心，但它以许多方式发生变化，而这些变化依赖于历史情境（historical situation），而历史情境是由下面这些因素创造的：（a）数学中的新发现，（b）新的观察结果，（c）关于"知识性质"（nature of knowledge）的新思想。现代基本粒子物理学是一种引人入胜的障碍赛（obstacle race），而这种障碍赛的跑道是通过几个一般原理与由特殊假设、事实和数学工具等构成的排列组合来界定勾画的。出现在"万物理论"中的广义相对论（general theory of relativity）不是爱因斯坦（Einstein）在 1919 年所提出的广义相对论，等等。无论我们观察哪儿，我们都会发现复杂的历史发展具有某些重叠——别的什么也没有。我承认一开始使用的那个友谊例子是有点过分简单化了，但是，我认为它抓住了那个过程的重要特征；这就是我需要说的一切。社会科学甚至更接近于我的例子——事实上，我想说的是：我的例子提供了一种社会科学（social sciences）范式（paradigm），这种范式比现在流传于此领域的理论更加现实。一些社会科学家已经认识到这一点，用讲故事来代替提出理论。一个例证就是斯塔尔（Paul Starr）精彩绝妙的著作《美国医学的社会变迁》［Basic Books（基础读物），New York，1982］——不出所料，它受到理论狂（theory–freak）的批判，说它是"不科学的"（unscientific）、"由松散片段组成的"（episodic），等等。好了，它是"由松散片段组成的"——但是，必须补充说明的是：只有真实的记述（account）才是"由松散片段组成的"记述。

　　A：这么说来，你反对理论，是吗？

B：不是，我不是反对理论，而是反对理论的柏拉图主义（Platonistic）解释，这种解释把理论看成是对宇宙（universe）永恒特征的描述（description）。

A：但是，必定有一些永恒特征（permanent feature）……

B："必定有"（there must be）是不进行论证的人们的借口……

A：行星天文学（planetary astronomy）怎么样？相对论所取得的伟大成功怎么样？空间计划（space programme）怎么样？

B：它们怎么样？

A：毋庸置疑，这些是成功的。

B：是的，它们是成功的——但是，是什么的成功？就古代观众来说，阿里斯托芬（Aristophanes）获得巨大成功。他正确地判断他们的情绪（mood）——即他们对图像、台词（lines）和角色（character）的反应方式——因而他获了奖。他的早期戏剧不同于他的晚期戏剧，部分因为他自己的发展，部分因为他的观众的发展。我主张科学家也同样如此。

A：科学家有理论……

B：他们知道规则性（regularities），正如阿里斯托芬一样——他知道古希腊语言的规则性。科学家除知道规则性以外，还系统阐述规则性，并检验这些系统阐述（formulation），至少在其研究的某些阶段上是如此。阿里斯托芬没有系统阐述他所知道的规则性，他不是语法学家（grammarian）；但是，他通过这儿一点和那儿一点地改变事物来检验规则性，并把改变的结果带到广大观众面前。如果一位人类学家（anthropologist）进入迄今为止还未调查研究过的人群，并要对其进行研究，那么，他用来开展研究的方式正是这种方式。他做这做那——他可能被杀害，像琼斯（William Jones）被伊隆戈人（Ilongot）杀害一样；他可能活下来，还能写本书，像罗萨尔多（Michelle Rosaldo）写了她的著作《知识与激情》（*Knowledge and Passion*）（Cambridge，1980）（其内容也是关于伊隆戈人的）。在阿里斯托芬和人类学家之间存在如下差别：（a）阿里斯托芬没有用抽象术语系统阐述他的实验结果；（b）他报告的对象正是他已经研究过的人；（c）他尝试教育指导，也尝试娱乐——事实上，在其作品中，两件事情不可分割地联系在一起（布莱希特却不同，他的理论化程度要高得多）。另一方面，"科学的"（scientific）人类学家并不重视他们的这类能力：在部落中走来走去的活动能力；或许，通过做有用的事情或娱乐性的事情来使部落成员高兴的能力。他们没有把这类能力看作是知识。他们不是作为朋友来研究人们（尽管他们可能把友谊的表象用作方法论工具），而是作为寄生虫来研究人们，虽然是作为理智寄生虫（intellectual parasite），但仍然是寄生虫。他们对其新获得的能力感到不满意——他们不得不把这些能力转化成适当形式：必定有"数据"（data）和"分类"（classification），"数据"必定是"客观的"（objective）——等等。这样，最后，他们讲述所有当地人都不可能理解的一个故事，虽然它不仅是一个关于他们的故事，而且是一个关于一位陌生人（对当地人的认识，他一开始是无知的）体验经历他们生活方式的故事。使用抽象的类别，我们可以说人类学家把印象（impression）转变为知识——但是，那样说，我们马上认识到这种所谓的"知识"（knowledge）实际上是如何依赖于文化的。另外，我也觉得阿里斯托芬是人道主义者（humanitarian），但人类学家（像我描述的那样）却不是人道主义者。只要读一读马林诺夫斯基（Malinowski，1884—1942）的日记就知道了！为了公平起见，让我补充说：不是所有的人类学家都用这种方式进行研究，在此领域现在发生了巨大变化，例如，关于科学数据和人类经验之间存在的差别，罗萨尔多就非常清楚……

　　A：但是，所有这一切都与我们的讨论无关。我赞同下面这一点：某些社会学家提出并用高度抽象术语来表示的规则性不是规律（law），而是过去的历史特征；规则性的系统阐述可能隐藏这种特性（property）。但是，存在自然规律，它们没有改变。此外，你否认科学（science）和艺术

（art）之间存在任何差别后，现在自己又提出一种差别：艺术家（artist）使用其知识来作用于知识所涉及的那些对象上，人类学家使用知识来满足陌生人的无聊的好奇心。另外的一点——迄今为止你所说的一切只是证明：一些人所称的艺术活动（activity）——以及用关于两位朋友的那个故事所举例说明的东西——在各种科学（sciences）中起了作用；然而，并不是"全部科学"（all of science）都像那样。但是，到目前为止，每个人都承认这一点！记住发现的与境（context of discovery）和辩护的与境（context of justification）之间的区别。每个人都承认下面这一点：发现可能是非理性的，充满个人因素（personal element），是"艺术性的"（artistic）。但是，你用这种非理性方式发现的东西接着要经受检验——而且，这种检验（test）要求遵照严格的标准，它是客观的，不再依赖于个人因素。

B：你能在各种活动之间划出界线，我不否认这一点。我要否认的是：在以所有各种科学为一方和以所有艺术为另一方之间，存在"一条宽阔的界线"（one big line）。至于发现和辩护的问题——在谈论实验时，我已经给出了答案：正如发现过程充满个人因素和群体特质（group idiosyncrasies）一样，接受实验结果的过程也是如此。事实上，发现（discovery）/辩护（justification）这种二分法（dichotomy）也是非常不切实际的。"发现"绝不是仅仅一跃而入黑暗或梦乡，它含有许多推理。"辩护"也绝不是完全"客观的"程序——其中，存在许多个人因素。我赞同加里森的看法：此过程的社会成分（social component）偶尔被夸大了——职业偏见至少也起了类似的作用——但是，存在社会成分，而且增加了此过程的复杂性（complexity）。至于物理学，我现在当然赞同：存在规则性，物理学家在发现和系统阐述它们方面已经取得成功。但是，我想补充的是：导致把某一特定陈述作为一个有关规则性的表述来接受的过程，与阿里斯托芬所进行的过程有许多共同之处；尽管科学家和哲学家迄今为止用来描述该过程的方式，暗示了一种非常不同的程序（procedure），而且是一种简单得多、"严格"（rigorous）得多的程序。而且，行星不是人，所以，这种情境（situation）更简单，这是因为话语对象（objects of discourse），而不是因为我们从"知识"进入不同领域。假如我像你那样喜爱一般性（generalities），那么，我会说：物理科学（physical sciences）和社会科学（social sciences）[包括人文学科（humanities）]之间的旧有的区别是一种没有对应差异的区别——所有科学都是人文学科，所有人文学科都包含知识。当然，从表面（appearance）上看，在物理理论（physical theory）和关于国王亨利八世（King Henry Ⅷ）的故事之间存在巨大差异。但是，"主观性"（subjectivity）和"客观性"（objectivity）混合在一起，这在这两个领域中是一样的；那两个朋友的情形随处可见。确实，在某些历史学家所主张的他们"理解"（understand）久远历史人物（historical figure）的那种意义上，科学家没有"理解"（understanding）他们的设备，因而没有取得任何成就。今天，我们甚至能说的更多一些。与超弦（superstring）、扭量（twistor）和替代宇宙（alternative universe）相联系的推断（speculation），不再主要是系统阐述假设，然后检验它们；而是更多地像发展一种满足某些非常一般的约束（constraint）的语言（尽管不必盲目地满足它们），然后，用这种语言建构一个令人信服的美妙故事。这确实非常像写诗。诗歌并非没有约束。事实上，与植物学家（botanist）或鸟类观察家（birdwatcher）所接受的约束相比，诗人强加给其作品的约束通常要更加严厉得多。读一读帕里（Milman Parry，1902—1935）关于荷马的论述。此外，不盲目服从约束，并且与我们所认识的世界必定存在一种模糊的联系。扭量理论或超弦理论使用数学公式——这就是唯一的差别（difference）。

A：但是，它们涵盖万物，而诗歌仅仅包含流逝的情绪。

B：你所说的"它们涵盖万物"（they cover everything）是什么意思？

A：嗯，把在你刚描述的推断的基础上而发展的理论称为"万物理论"，难道不对吗？你自己这样说的！

B：不要被一个词误导了！"万物"（everything）意指：狭义相对论（special relativity），广义相对论（general relativity），亚原子粒子分类，电磁相互作用、弱相互作用和强相互作用的标准理论（gauge theories），超对称（supersymmetry），以及超引力（supergravity）。

A：因为万物由排列在空间和时间中的基本粒子（elementary particle）组成，所以，这些理论一旦成功，就真正涵盖所存在的万物。

B：小伙子，你太幼稚！首先，迄今为止，这些理论所描述的不是我们现在的情形，而是（很可能是）大爆炸（Big Bang）后最初几个片刻所存在的情形。正如我们所知，没有关于粒子质量（particle mass）的预言；事实上，在具体的预言方面，几乎一无所有。其次，即使是关于基本粒子的完备阐释（complete account），也没有给我们提供小分子（molecule）、大分子、固体（solid bodies）或活物（living thing）。

A：但是，在把生物学（biology）还原到分子科学（molecular science）方面，分子生物学（molecular biology）难道没有取得很大进展吗？

B：让我们更谦虚一点：在把分子还原到基本粒子方面，化学（chemistry）已经取得成功了吗？化学在这方面是成功的，但只有当你用还原（reduction）来意指下面这种东西时，化学才是成功的：它涉及去除某种信息，并用一种不同的信息来代替被去除的信息。基本粒子过程具有整体性（wholeness）特征，你不能通过假定分离的粒子及其相互之间存在的场（field）来描述基本粒子的集体行为。

A：这与互补性（complementarity）有关系吗？

B：是的，有关系。

A：但是，互补性很早以前就受到反驳了。

B：受到谁反驳了？

A：受到爱因斯坦反驳了。

B：反驳在哪儿呢？

A：在爱因斯坦、波多尔斯基（Podolsky）和罗森（Rosen）的论证中。

B：哎，那是关于那个问题的有趣的事情。那个论证本来打算反驳互补性，但却只是在更加牢固地确立互补性方面取得了成功。

A：怎么回事？

B：你知道吗？该论证基于如下假设：你对一个粒子所施加的作用不影响另一个从前与它有相互作用但现在远离的粒子。

A：是的，知道。

B：这个假设受到检验，并发现它是不正确的。

A：关于这个问题，你能给我多讲一点吗？

B：那会花费很多时间——但是，这个问题与贝尔（Bell，1928—1990）定理（theorem）及其各种检验有关。仍存在一些困难，但是，到目前为止，这个问题看起来是清楚的：那个假设是不正确的。

A：那又怎么样？

B：嗯，那意味着在遥远的粒子之间存在关联（correlation），这就使得不可能把遥远的粒子看作分离的实体（entities）。另外，把事物看作分离的实体意味着忽视某些效应（effects），但是，这些效应确实存在，而当你以某种方式看事物时，它们没有显示出来。因此，把事物看作分离的实体意味着采用了一种观点；或者，换一种不同的说法，意味着分子不是"客观的"，它们是当我们以某种方式进行活动时表面显现的东西——我们现在必须指明这种方式，即我们必须指明化学研究的全部条件——而且，那种指明（specification）没有包含在基本理论中。对称性（symmetry）受到破坏，不能从基本理论推导出来的新性质却显现出来了。有人可能说基本理论是概要（schemata），为了进行具体预言，必须填充概要的细节（detail），但是，概要没有描述独立于细节的任何东西。这些细节包括指明所用的方法，即包括关于观察者的特殊物理条件的信息。

A：分子生物学家（molecular biologist）不用那种方式讲话。

B：你是对的——他们讲话像古代原子论者（atomist），唯一的差别是：他们的原子（atom）已经变得非常复杂。但是，他们还声称他们所说的受到量子理论（quantum theory）的支持——他们这样说是错的。苏黎世联邦工学院（the Federal Institute of Technology in Zurich）[我在那儿工作，而且工资是用坚挺的瑞士法郎（Swiss Francs）来支付的]的物理化学（Physical Chemistry）教授普里马斯（Hans Primas，1928—2014）已经非常清楚地说明了这一点。请阅读其精彩绝妙的著作《化学、量子力学和还原论》（*Chemistry, Quantum Mechanics and Reductionism*）（Springer，New York，1984）。仿佛隐藏在你的许多论证后面的客观性思想由于其他发展而遭受危险，例如，由与所谓的人择原理（anthropic principle）相关的思考而带来的危险。我们现在有一些关于生命起源和元素（element）起源的理论。先有大爆炸，然后是对称性破缺，玻色子（boson）与费米子（fermion）相分离，出现氢（hydrogen）和氦（helium），产生大聚集体（aggregation）、小聚集体和恒星（fixed star），正是在这儿出现了元素，特别是碳元素，它是生命所必需的元素。熟悉的常量（constant）发生非常轻微的变化，如质子（proton）质量和中子（neutron）质量的相互关系发生非常轻微的变化，将导致根本不同的发展，在任何地方都不可能产生生命。这意味着我们发现的规律是我们能生存的宇宙中的那些规律；或者，正如霍金（Hawking，1942—2018）所言："事物如它们所存在的样子而存在，是因为我们存在"（Things are as they are because we are）。

A：好了，我们必须更十分详细地看看整个事情。

B：我也不能关注所有细节——但是，让我们谈谈我们能关注的事吧！你的"万物理论"——它肯定不谈论爱（love）、失望（disappointment）或悲伤（sadness）……

A：但是，这些是主观事件（subjective event）……

B：不管你怎么称呼它们，它们都存在，而且还超越了最复杂的（sophisticated）物理学理论或生物学理论的范围。然而，它们却没有超越艺术家、画家（painter）、诗人和戏剧作家的范围。现在，爱、失望和欲望（desire）在人们的生活中具有重要作用。此外，如我早些时候所言，它们在科学研究过程中也起作用。因此，如果你真想理解科学（sciences），不仅仅是想写有关它们的枯燥抽象的童话，而且，记住我用"理解科学"（understanding the sciences）意指发现的与境和辩护的与境这两方面——那么，你不得不转向艺术和人文学科，即你不得不抛弃这些遍布于绝大多数哲学和"理性阐释"（rational account）之中的人为分类。一种真正综合的世界观（comprehensive world view）绝对不能没有诗人……

A：你是说"一种真正综合的世界观"吗？

B：是的——但是，我不是意指一种"理论"（theory），而是意指一种心灵态度。这种心灵态度部分可用言语来表达；部分可用行动来表达，如演奏音乐、写下方程、爱、绘画、吃饭、与他人谈论。这种心灵态度能弄懂许多事情，即能向别人说明许多事情……

A（张大嘴）。

B：我知道你想说什么——你想说的是：在向别人说明某事之前，我们需要一种说明理论（theory of explanation）或一种清晰的说明概念。这不是真的！"向别人说明某事"（explaining something to others）是一个复杂的过程，该过程有许多错误的开端，最终以某种和谐结束；而且，这种最终的和谐是不能被预期的，而是当它到来时，才会被认识……

A：但是，当我们不知道它是什么的时候，它怎么能被认识呢？

B：你假定：如果我们没有关于某种经验的观念，那么，这种经验就不能出现。这是一种非常虚幻的假定。它意味着我们从来不能"经验"本质上新的任何事物。我认为正是这种假定在一开始就隐藏在你的批判（criticism）的后面。

A：什么批判？

B：你已经忘了吗？当你对我的"立场"（position）进行严厉批判时，我说我没有立场，因此，你说我不能认真对待你的批判。好吧！在某种意义上，我是这样；在另一种意义上，我又不是这样。我用某些方式来对事物做出反应，在这种意义上，我有立场；而我的反应（reaction）不能被普遍原理（universal principle）和稳定的意义（stable meaning）所束缚，在这种意义上，我又没有立场。

A：这么说来，你难道不是相对主义者（relativist）吗？

B：这就是你想要的东西！你把一个具有许多联想（association）的词汇扣在我头上，期望我说是或否。

A：好了，你认为存在有关推理的普遍原理吗？

B：这个问题不是那么简单。

A：老天帮帮我吧！

B：请耐心点，听我说！下面，我有三个陈述（statements）：

> 棉花生长需要干热气候。
> 英格兰（England）阴冷潮湿。
> 棉花没有生长在英格兰。

第三个陈述是根据前两个陈述得出的吗？

A：明显如此。

B：你这样说，必须认识到在前两个陈述和第三个陈述之间存在某种关系，对吗？

A：显而易见。

B：有人没有认识到这种关系，即有人把这些陈述一个一个分开来看待，你同意这样的说法吗？

A：哎，总是到处都有傻瓜！

B：不要这么急！在某种情形中，一个一个分开来看待陈述具有优势，而转向思考其相互关系却没有优势。你能想象这种情形吗？

A：这必定是一个非常简单的世界。

B：不管简单与否——你能想象这种情形吗？

A（看起来困惑不解）。

B：让我举另一个例子，请看下面的图：

它们彼此之间是相似还是不相似？

A：毫无疑问，它们相似——它们都是圆形的。

B：好了。20 世纪 30 年代在乌兹别克斯坦（Uzbekistan）对文盲进行了一个心理测验（psychological test），在此测验中，它们被看作三个彼此完全不同的东西——第一个被归类为手镯，第二个被归类为月亮，第三个被归类为硬币。如果我告诉你此心理测验的情况，你将说什么？

A：谁做了这些测验？

B：在卢里亚（A. R. Luria，1902—1977）的自传《心灵的构建》（*The Making of Mind*）（Harvard University Press，1979）第四章中，你能读到这些内容。

A：哎，这些人没有学会从图画中抽象形状。

B：你认为那是劣势吗？

A：毫无疑问。

B：但是，现在请思考一下——这些人不是数学家，也不是看设计图（blueprint）的工程师（engineer）——他们是农民和猎人，他们必须从模糊的线索中识别出物体。他们的所有感知（perception）都是物体导向的（object-directed），而且为了适应他们的生活方式，必然如此。他们不仅不需要抽象（abstraction），而且，抽象还会妨碍他们。

A：嗯，是因为他们的生活方式。

B：正是如此——因为他们的生活方式。

A：但是，能改善他们的生活。

B：那是一个不同的问题。只要他们以这种方式生活——这就是他们所具有的那种感知。下面，让我们转到前面的那个逻辑学例子。在实际生活中，你经常一个一个分开来看待事物。你自己心里想想：它是这样吗？或者，它不是这样吗？关于它，我知道什么呢？——不必多说了。

A（踌躇地）：同意。

B：比较陈述会使此过程慢下来。

A：那会有其他好处。

B：重要的是：不以这种方式行事，即不认识"逻辑关系"（logical relations），反而"有好处"（there are benefits）。这不仅仅是一个愚蠢行为（idiocy）的问题。然后，有选择——你宁愿选择什么？你能两者都选吗？等等。现在，我完全能想象存在这样的生物（being）：对于它们来说，思考陈述之间的相互关系将使日常生活陷入瘫痪。在此情形中，谈论"普遍而客观的推理原理"具有重要意义，你这样认为吗？

A：但是，人类不是那样！

B：的确如此——对于人类而言，思考这些关系是有用的；这就是我们能说的一切。通过说下面这些话，我们能够简化它：它们是"客观的"关系，同时牢记与选择某种生活方式有关，而不是与柏拉图模式（Platonic pattern）有关。

A：所以，你是相对主义者。

B：在某种程度上，我是相对主义者。但是，我与某些形式的相对主义（relativism）有很大分歧。根据某些形式的相对主义，不管人们说什么，他们所说的只有在"某一系统内"（within a certain system）才有效。

这假定（a）：一个给定系统的要素是明确的，即人们生活在此系统内期间处理它们时，它们从不改变面貌，它们的行为从来不会像下图一样发生变化（下图可以看起来像一个青年女子，也能变成一个老妇人），而且，概念也从来没有经历类似变化。因为如果这些要素改变了，那么，此“系统”（system）就包含着摧毁自身的方式，即它不再真正是一个系统。这是一个非常虚幻的假定，甚至就人和动物的关系而言，它也不是真的——请思考一下人工驯化（domestication）。当然，固化某些方面（aspect）和反应总是可能的，一些群体（group）〔包括左派激进分子（radical）和右派激进分子〕在此领域中已经发展了伟大的才能。他们不仅固化了通过复杂的长期适应（adaptation）过程而形成的传统的思想（idea）和实践（practice），而且还固化了现时最浅薄的创造，从而把他们自己和别人监禁到狭小、昏暗和污浊的意识形态监狱中。相对主义正确地描述了这类监狱之间的关系——对于不喜欢变化并把交流（communication）困难转变成原理问题的人而言，相对主义很好地阐释（account）了他们的思想。为了

把人的陈述、情感和所有表达（utterance）看作是"相对于一个系统"的，还假定（b）：一个人不能学习新的生活方式。因为如果一个人能学习新的生活方式，那么，一个系统就潜在是全部系统，并且"相对于系统A"的那种限定（restriction）（虽然它对于特殊目标来说是有用的）就失去了其作为一般知识特征的力量。当然，相比于从另一个系统开始的学习过程，从一个假定的"系统"（system）开始的学习过程将具有不同的结构，但它将趋向于引导远离原假定的"系统"，所有的学习都是如此，没什么两样。即使在相同的环境中，不同的"生活形式"（form of life）也有不同的命运，其中，一些生活形式在它们自己的实践者（practitioner）看来是运气不佳。这表明：在世界上，存在诸如抗拒（resistance）之类的事情。但是——由此我的谈论进行到非常重要的一点，玻尔（Niels Bohr, 1885—1962）已强调过这一点——抗拒比今天的专业实在论者（realist）所假定的要弱得多：在一个非技术（non-technological）的社会中，没有科学，但有拟人化的神，人们有可能过上好的生活。古希腊（Ancient Greece）、罗马共和国（Republican Rome）与奥古斯都（Augustus，公元前63年—公元14年）之后的罗马就是例证。在罗马，神甚至参与政治。然而，无法发现"抗拒规律"（law of the resistance），因为这将意味着预料所有未来历史发展的结果。我们所能做的一切就是：描述我们过去在非常明确的历史条件下所遇到的困难，像学会适应朋友一样来学会适应世界；当生活变糟时，去改变我们的习惯。

A：但是，哲学（philosophy）现在变得怎么样了？

B：谁在乎它呢？特定的学科不会使我感兴趣。此外，那些称他们自己为哲学家（philosopher）的人已经关注这个问题了。

A：但是，你自己就是哲学家啊！

B：不是，我是哲学教授。

A：那有什么差别？

B：哲学家是自由独立的人（free spirit）——一位哲学教授是公务员，他不得不遵循日程安排，只是为了获得报酬。

A：在哲学中，你难道没有发现任何可取的东西吗？

B：不是在哲学中，而是在现在此领域中写作的一些人的书或传言（tale）中——尽管我承认我极少读那些东西。我喜欢读历史（包括艺术史）、物理学家的著作，当然，还喜欢读犯罪故事和小说；我也观看电视连续剧（TV series），如《达拉斯和王朝》（*Dallas and Dynasty*）。我非常欣赏柏拉图和亚里士多德，但他们不是"哲学家"——他们研究处理一切。

A：那难道不是哲学的真正任务吗？

B：好吧，如果你认为一位哲学家是万能的半吊子（universal dilettante），他力图正确地看事物，设法阻止人们强迫别人接受他们的信仰（不管是使用论证，还是使用其他强迫手段），那么，我肯定是一位哲学家——但是，新闻记者（journalist）和剧作家（playwright）也是如此。然而，今天称他们自己为哲学家的大多数人想成为"专业人士"（professional），即他们想用一种特殊方式来处理事物，并用这种方式为他们自己捞到一种地位，从而脱离其他人类活动。

A：然而，你确实谈论了专业的哲学话题（topic），如谈论理性（rationality）……

B：我谈论这些话题，不是因为它们是哲学话题，而是因为它们造成有害的影响——"理性"经常被用来奴役人，或者，甚至用来杀人。罗伯斯庇尔（Robespierre，1758—1794）是一位理性主义者……

A：他是独断论者（dogmatist），不是批判理性主义者（critical rationalist）……

B：你在做梦吗？几乎不曾存在过一种运动，会比这种所谓的"批判"理性主义更乏味同时又更教条。确实，理性主义者没有杀人，但是，他们扼杀人的心灵……

A：你不能那样说。"科学通过证伪（falsification）来前进"这种思想是一个真正的发现……

B：它既不是一个新发现——许多古人和后来人提到了反例（counter-example）的重要性——那个陈述也不正确：在科学中，任何地方都没有出现任何证伪时，许多重要的变化却发生了。证伪作为一种经验法则（rule of thumb）是伟大的，但它作为一种科学理性的条件却糟透了……

A：抱歉，我提到了批判理性主义。但是，让我继续下去：你提出了一个新的哲学概念，即"不可通约性"（incommensurability）这个概念！

B：哎，我确实没有这样的意思：说这是一个积极的贡献。我想做的是要批判一种关于说明（explanation）和还原（reduction）的观点，该观点很流行，但在我看来，它却是误入歧途的。为了批判这种观点，我指明了它不能囊括的科学变化的一种特征（feature），我把这种特征称为"不可通约性"。就我所关心的来说，不可通约性对于科学而言不是难题（difficulty）；或者，在这方面，对于任何其他东西而言也不是难题——仅仅对于某些非常幼稚的哲学理论而言，它是难题；而且，因为这些理论被认为是某类"理性"的必要成分，所以，对这类理性来说，它也是难题。但是，它被吹捧成所有"创造性"（creative）思想的一个深奥特征，而且，它很快被用来为文化（culture）和科学学派（scientific school）之间缺乏理解而提供同样深奥的理由。对我而言，这仅仅是胡说（nonsense）。存在误解（misunderstanding）。如果人们有不同的风俗（custom），或者，说着不同的语言，那么，就会经常发生误解。我称之为"不可通约性"的这种现象（phenomenon）仅仅解释了这些误解的一小部分；把它吹捧成"巨无霸"（One Big Monster），要对科学及整个世界中的一切麻烦（trouble）负责，我认为这不仅是幼稚，而且完全就是犯罪（downright criminal）。当然，不可通约性为哲学家和社会学家（sociologist）带来好处（boon）——在这里，我意指称他们自己为"哲学家"或"社会学家"的人——他们喜欢大话（big words）、简单的概念和老生常谈的说明，并喜爱留下这种印象（impression）：他们理解棘手事情背后的深层原因。这件事情是犯罪，因为它强调困难（difficulties），老是想着它们，构建关于它们的理论，而不是摆脱它们。不同文化现在看起来注定要各说各话，正如爱因斯坦仿佛注定永远要误解非凡的量子理论（quantum theory）发现。我们同意柏拉图不同于亚里士多德，但是，我们不要忘记亚里士多德在柏拉图学园度过二十年，一定学会了如何谈论柏拉图团体的语言（Platonic lingo）。此外，我们还要记住玻尔（Bohr，1885—1962）和爱因斯坦相互喜欢，经常相互交谈，爱因斯坦接受（accepted）玻尔消解其反例的方法。这里，根本不存在"不可通约性"！当然，他仍然持有不同的形而上学（metaphysics），但若不是最教条主义的理性主义者，那就不是不可通约性的问题。

A：好了，那一定是长篇演讲。我从中得到的结论是：你不介意这儿修补一点，那儿修补一点，但你没有一致的哲学。

B：你是对的——如果你用哲学意指一组原理及其应用，或者，意指一种基本的不变的态度（attitude），那么，我确实没有哲学。在不同的意义上，我确实有哲学，我有世界观（world view），但我无法细致地说明它，只有当我碰到与它相冲突的东西时，它才显示自身；它也发生变化；它更多是一种态度，而不是一种理论，除非你用"理论"意指故事，而且故事的内容永远不一样。

A：现在，我理解为什么哲学家不想与你有任何关系。

B：正是如此，因为我不是他们中的一员。谈论相对主义（relativism）的绝大多数哲学家，谈论罗蒂（Rorty，1931—2007），因为他与他们的观念相协调；或者，谈论库恩（Kuhn，1922—1996），因为他有理论，并竭尽全力来抚慰专业哲学家；或者，谈论诸如布鲁尔（Bloor，1942— ）之类的社会学家（sociologist），因为他们也有自己的理论。存在主义者（existentialist）已经有他们自己的英雄——克尔凯郭尔（Kierkegaard，1813—1855）和海德格尔（Heidegger，1889—1976）。此外，罗蒂、库恩、布鲁尔和海德格尔认为他们自己是专业人士（professional），并使其生活围绕他们的"工作"（work）转；在这种意义上，他们是专注献身的。我不是专业人士，也不想成为专业人士，我很少"思考哲学"（think philosophy）。我从未研究过哲学——我通过朋友们得到我的第一份哲学工作，薛定谔也插手这件事了，我当学生时，他就认识我——当我阅读一本或另一本哲学书时，我这样做，是因为流逝的突发奇想，而不是因为有通盘计划。

A：但是，人们把你的工作与波普尔（Popper，1902—1994）的工作或库恩的工作联系在一起。

B：纯粹的错误。我认识波普尔及其合作者（collaborator），并用他们自己的术语来与他们交谈，正如人们在文雅社会（polite society）中所做的那样。那些交谈被出版了——所以，一些人认为我是一个波普尔学派的成员（Popperian）。

A：你是波普尔学派的成员吗？

B：你在开玩笑吗？

A：库恩怎么样呢？他勉强称得上是一个相对主义者，你仿佛是一个相对主义者；他从历史角度进行论证，你也从历史角度进行论证——你们二人都谈论不可通约性。

B：是这样，我从库恩那儿学习了许多东西。正是他和魏茨扎克（Carl Friedrich von Weizsaecker，1912—2007）使我确信你必须历史地而不是逻辑地处理科学、艺术等，即回顾它们的生命故事，而不是力图抓住一些永恒的结构。存在相似性（analogies）——但没有永恒的结构。然而，在向库恩学习了这个之后，我对他尝试重新提出理论［常规科学（normal science）的作用，革命（revolution）的作用，等等］感到很不安，而且，我对他新近企图设法为这些理论找到哲学"基础"（foundation）更是感到非常担忧。我认为，这是用幻想（fantasy）代替事实。

A：现在，你谈论起来像一个实证论者（positivist）。

B：为什么不呢？实证论者犯过错误，但他们也有非常有趣的东西要说。无论如何：存在历史（history）——历史由种类繁多的故事构成——而且，还存在科学实践（scientific practice），科学实践是历史的组成部分。仅此而已。我们还用不同的方式发现了不可通约性；我们对它也有不同意见。库恩在其历史研究过程中发现了不可通约性；我发现它能详细说明旧实证论关于基础陈述（basic statement）的争论。他把它看作科学变化的重要特征；我把它看作一缕热空气，用来熄灭某些快要烧完的实证论蜡烛。

A：相对主义又怎么样呢？

B：我认为库恩不是相对主义者，尽管许多人指责他是相对主义者。我是相对主义者，至少从这个术语的许多意义之一上来说是如此；但是，我现在认为对于一种更好的观点而言，相对主义是一种非常有用的近似（approximation），尤其是一种仁爱的近似……

A：哪一种观点？

B：我还没有发现它。

A：现在，让我们回到你是否是一个哲学家的问题……

B：……好的，这是在库恩和我自己之间存在的一个重大差异。库恩渴望成为哲学家，成为专业人士。那不是我的目标，假定我有目标的话……

A：但是，你写了许多论文，非常多的一大堆论文——你有两卷论文集，甚至，它们也没有包含你写的全部东西。

B：那是意外之事。二三十年以前，我旅行了许多地方，做了许多讲座（talks）。我喜欢做讲座；有人给我支付旅行费，我会见了朋友，而且，我还能当众通过讲说愚蠢的陈述来使人们感到烦恼。我从来不准备我的讲座——做几条便记（notes），其余的留给临场的随机妙想。然而，在许多情况下，我的讲座是讲座系列的组成部分，因此，编辑者就劝说我把它们写下来。我的绝大多数论文就是这样产生的。

A：那么，《反对方法》（*Against Method*）又怎么样呢？

B：好吧，我已经告诉过你：拉卡托斯（Lakatos，1922—1974）提出我们俩共同写一本书，我喜欢这个主意。当我写《反对方法》（*AM*）时，我说："这是我最后一次写任何东西。现在，我想享受平静安宁，想看电视，想躺在阳光下，想去看电影，有一点事务，仅仅为养活我的讲座（lecture）做最少的准备。"

A：但是，你继续写作。

B：那是我生平最大的错误。你知道，我从未期望《反对方法》要引起它已经引起的那种轰动（furor）——到现在为止，它已被翻译为十八种语言，罗马尼亚语（Romanian）是已译完的最后一种语言，马上就要开始朝鲜语（Korean）的翻译。在重要期刊上，有描述、批判（criticism）和抨击（attack）：例如，《科学》（*Science*）期刊为了给我拍摄一张以我的金刚（King-Kong）海报为背景的照片，派了一位特殊的摄影师（photographer）；再如，《纽约书评》（*The New York Review of Books*），等等。绝大多数批判，我并不知道，因为我不读知识分子的期刊，朋友们寄送给我其中一些——它们几乎都极度愚蠢乏味。之前，我还没有遇到过这种现象——我从前的讨论发生在小圈子内，与我非常熟悉的人讨论，他们也了解我——我感到震惊，而且还犯了错误，被拖入争论之中。那浪费时间和精力（energy）。

A：那么，最终，你将停止写作。

B：哎呀，我还没走那么远。我答应我的一位朋友——现在是我心爱的妻子——格拉茨娅（Grazia）要写一本关于"实在"（Reality）的书……

A："实在"（REALITY）？

B：是的，实在——这只是一个暂定的题目（working title）。它将涉及量子理论问题、中世纪后期的绘画、布莱希特（Brecht，1898—1956）、斯坦尼斯拉夫斯基（Stanislavsky，1863—1938）——以及许多另外的东西；它将简短地论述这些东西，全书不超过 120 页。它可能要再花费我一个十年的时间——我根本不着急——它将有大量图片。此外，我还将写一本自传（autobiography）。

A：写自传，你必定是为了抬高你自己！

B：不，不——那不是理由。去年，1988年，奥地利（Austria）庆祝——哎，实际上，你不能说"庆祝"（celebrate）——奥地利纪念（commemorate）它与德国（Germany）统一（unification）——五十年前，奥地利成为德意志第三帝国（the Reich）的一部分。当那个事件发生时，许多奥地利人感到高兴——爆发了巨大的热情（enthusiasm）。现在是1988年，问题是：要做什么？一些善良而体贴的人想做出一种姿态，他们想用有用的方式来思考过去。说谎者（liar）、拍马屁者（sycophant）、无知者（ignoramus）和各种各样具有特殊利益的人加入他们当中——至少，我从远距离观察，从美国（the USA）或瑞士（Switzerland）观察，整个事情看起来就是那样。我在电视上观看了庆祝活动，变得十分沮丧。有瓦尔德海姆（Waldheim，1918—2007）。我不能忍受那个家伙。很久以前，当他成为联合国秘书长（Secretary-General of the United Nations）时，我就感到极度局促不安。我心想："那个可恶的家伙是奥地利人吗？"（记住，我仍然是一个奥地利公民！）我不知道他在第二次世界大战（the Second World War）期间做了什么，但是，我确实知道我不喜欢他现在正在做的事情：有老练的谴责（condemnation），有冗长的人道主义咏叹调（aria）。正如我所说的，许多善良的人参与了；不过，我感到我听到的一切都是空洞的口号（slogan）和乏味的许诺。我确实对那次惨败（fiasco）有说明——人性（humanity）不能简单地通过抽象（abstraction）来表达，口号不是恢复重建的适当工具。因此，我考虑用一种不同的方式来处理那个事件。许多杰出的奥地利人在孩童时目击了被德国占领（occupation），然后，在第二次世界大战中当兵。我心想："为什么这些奥地利人不报告他们的经历（experience）和感情（feeling）呢？如实报告他们在灾难性岁月中的感情，不隐藏任何东西。他们可能曾满腔热情——他们感觉到了什么，他们的态度在那些年中如何变化，他们为什么不准确地说出这些来呢？忏悔（confession），诚实的报告，不是过度伤感的情绪（sentiment），不是不诚实的自我辩护（self-justification）！伯格曼（Ingmar Bergman，1918—2007）在其自传中描述了他在德国作为一个交换留学生（exchange student）如何开始热爱希特勒（Hitler，1889—1945）——他只是说出这个，没有说明，仅仅陈述一个事实——我们为什么不能做同样的事呢？"嗯，我不是一个杰出的奥地利人，但是，我的垃圾著作被一些人读了，我曾在德国军队中担任军官，因此，我想：我为什么不通过讲述我自己的故事来开始这一过程呢！我为什么发现这个计划有吸引力，还有第二个理由。我没有保持记载（record），我没有档案（file）；信件回复后，我马上就扔掉了；我没有父母和亲属的纪念物（memorabilia）——我所有的一切就是我的记忆。我忘记了许多事，混淆了别的事；有一段时间，我认为我在战争期间接近了基辅（Kiev）——我从未接近基辅——所以，我也打算恢复我的记忆和探究我的过去。顺便提一句，"思想自传"（intellectual autobiography）仅仅包含思想，但从不提及一种思想第一次在何时产生和如何产生；因此，与它相比，这种说明某人"观点"[view，即一个人沉积在书和论文中的特殊"分泌物"（secretion）]的方式要好得多。爱因斯坦写了一部自传，而且强调他想只保留思想。原则上，这与穆岑巴赫（Josefine Mutzenbacher，1852—1904）的著名自传没有什么根本不同：那部自传讲述女主人公（heroine）的一切性冒险活动（adventure），对她看过的电影或读过的书，甚至一字不提；它是一种夸张的描述（caricature）。考虑所有这些原因，因此，我打算写一部自传，它的题目将是《消磨时光》（KILLING TIME），因为不幸的是：我一生中的大部分是无效的，在延误和等待。但是，我答应你：在那以后，我将闭嘴，并永远保持我的平静。

A：你认为有人会相信你吗？

B：就等着瞧吧！

附　言

有传言（rumour）说：虽然有可能用不严密的方式（写信、打电话和聚餐聊天）来考察思想或思想系统（systems of ideas），但是，就说明它们的特色（shape）、含义（implication）和接受它们的理由而言，恰当的形式是文章（essay）或书。文章（书）有开始、中间和结尾，有序幕（exposition）、发展和结果。然后，思想（系统）像收集箱（collector's box）中的死蝴蝶一样清晰明确。

但是，思想（像蝴蝶一样）不是仅仅存在，它们要发展，与别的思想建立联系，还产生影响。物理学的整个历史受到巴门尼德首先提出的如下假设束缚：某些东西不受变化的影响。这个假设很快被改变了：宇称守恒（parity conservation）与存在守恒（conservation of Being）大相径庭。因此，文章（或书）的结尾（尽管表述得像结尾）不是真正的结尾，而是受到过分重视（weight）的一个转变点（transition point）而已。如同古典悲剧一样，在没有屏障（barrier）的地方，它竖起了屏障。

现代历史学家（科学史家和其他学科的历史学家）已经发现了另外的缺陷（fault）。在科学论文（scientific paper）中，描述顺序几乎与发现顺序毫无关系，一些个体要素（individual element）原来是妄想（chimaera）。这并不意味着作者在说谎。在强迫进入一种特殊模式（special pattern）时，他们的记忆发生变化，并提供了必需的（但虚构的）信息。

现在，有这样的领域：在其中，文章或者研究论文（research paper）和（特别是）教科书（textbook）已经丧失了它们从前的许多重要性（weight）。之所以如此，其原因是：大量的研究者（researcher）和如洪流般的研究结果（research result）把变化速率提高到这样的程度，以致一篇论文到发表时就经常过时了。研究的最前沿（forefront）由会议、写给编辑的信件［请参见《物理评论快报》（*Physical Review Letters*）］和传真机（fax machine）来确定。论文和教科书不仅落后，而且，如果没有这种偶尔相当不美观文雅的话语（discourse）形式，那么，甚至都不能理解它们。

哲学家得意于自己能发现极度混乱（commotion）背后的原理。当巴门尼德写作时，"古希腊的常识世界"（world of Greek commonsense）（如果存在一个这种单一的世界）是相当复杂的。这并没有阻止他假定甚至证明如下命题：实在是不同的，简单的，可被思想征服的。现代哲学（modern philosophy）（虽然在这方面不怎么自信）仍然包含这种思想：复杂事件背后有明确的结构。于是，一些哲学家（并且也是社会学家，甚至是诗人）处理文本（text），寻找能构成逻辑上可接受的结构的组成成分（ingredient），然后，使用这种结构来判断其余的东西。

这种努力注定是要失败的。首先，因为它在科学（sciences）中没有对应者（counterpart），而科学是知识的重要贡献者。其次，因为在"生活"（life）中也没有对应者。生活看起来是足够明确的，只要它是常规的（routine），即只要人们保持顺从，用标准方式来阅读文本，而且，人们也不要受到运用基本方式的挑战。当常规（routine）受到破坏时，这种明确性（clarity）就消失了，奇怪的思想、感知和感情就在他们的头脑中产生了。历史学家、诗人和电影制作者（film-maker）已经描述了这种事件。

皮兰德娄（Pirandello，1867—1936）就是一例。与这些作品比较，那些被逻辑束缚的文章仿佛共同具有卡特兰（Barbara Cartland，1901—2000）小说的非现实性（unreality）。它们是虚构作品（fiction），而且是一种相当乏味的虚构作品。

柏拉图认为对话（dialogue）能在思想与生活之间的鸿沟上架起桥梁——不是通过书面对话（written dialogue），因为对他而言，书面对话只是一种对过去事件的肤浅描述（account）；而是通过在具有不同背景的人们之间展开口头交流（spoken exchange）。我同意这一点：对话比文章揭示了更多的东西。它能提供论证（argument），还能向门外汉（outsider）或来自不同学派的专家（expert）显示论证的效果（effect）；它使文章或书企图隐藏的不严密的结尾明晰起来。最为重要的是，对话能证明：我们信以为是的我们生活中最坚固的部分却具有幻想的本性（nature）。本对话录的劣势是：所有这一切都是以书面形式完成的，不是由活生生的人在我们眼前用行动来完成。我们又被要求从事某种防腐清洁活动（activity）；或者，换句话说，我们又被要求仅仅思考。我们又远离了思想（thought）、感知（perception）、情感之间的"交战"（battle），而思想、感知和情感真正决定着我们的生活［包括"纯"知识（'pure' knowledge）］。古希腊人创造了一种产生必需冲突（confrontation）的形式——戏剧（drama）。柏拉图拒绝了戏剧，于是，对多言癖（logomania）做出了其贡献（contribution），这种多言癖影响了我们文化（culture）的很多部分。

本书中的这些对话在许多方面是不完美的。这尤其适合于第二个对话，它并不真正是一个对话，而是对一个无助的受害者进行抨击（diatribe）。话题（topic）是可靠性（authenticity）（我嘲笑它）、承诺（commitment）（我拒绝它）、破坏任何承诺的术语模糊性（vagueness of term）以及专家的无知（ignorance）。我使用的占星术例证不应当被误解。占星术让我烦得要命。然而，科学家们（其中包括诺贝尔奖获得者）攻击它，没有论证，只是借此显示权威（authority）。因此，就这方面而言，值得为占星术辩护。自从我写这个对话以来，医学已经取得了一些进步，但是，与其他医学系统比较，西方医学（Western medicine）（如果存在这种独一的系统的话，但我对此有怀疑）的效果（effect）仍是未知的。在有限的领域内，我们有传闻性证据（anecdotal evidence）；我们没有全面的认识和观点。因此，我们能说西方医学有什么作用，却不能说它超越所有其他医学系统（medical system）。第一个对话或许是最好的。它反映了我在伯克利（Berkeley）的研讨班（seminar）的情形；科尔博士（Dr. Cole）几乎与我没有任何关系，但是，某些角色（character）（不是通过姓名可以确认的）是在赞誉（tribute）我曾有的一些非凡的学生。

在非常一般和非技术性的意义上，这些对话是哲学对话。它们甚至可能被称为解构主义的（deconstructionist），尽管我的引导者（guide）是内斯特罗伊（Nestroy，1801—1862）[正如克劳斯（Karl Kraus，1874—1936）所理解的那样]，而不是德里达（Derrida，1930—2004）。在意大利《共和报》（Repubblica）的访谈（interview）中，我被问道："你对东欧（Eastern Europe）目前的发展有什么看法？哲学对这些事情必须说些什么呢？"也许，我的回答将更好说明我的态度。我说："这是两个完全不同的问题。第一个问题指向我，即一个活生生的且思考近乎充分的人，还具有感情和偏见（prejudice），也表现出愚蠢（stupidity）。第二个问题指向不存在的某种东西，一种抽象怪物'哲学'（philosophy）。相比科学而言，哲学更不是一个统一单元（unit）。有不同哲学学派（philosophical school），它们或者几乎互不了解，或者相互争论和轻视。其中，一些学派[例如，逻辑经验主义（logical empiricism）]几乎没有处理过现在出现的任何问题；此外，它们对与这些发展相伴随的宗教情感的增强感到不满意[在一些南美洲国家（South American country），宗教（religion）引领着解放（liberation）的战斗]。其他的学派[如黑格尔学派（Hegelian）]具有描述惊人事件的长咏叹调（aria），而且，毫无疑问，它们现在就开始唱这些咏叹调了——有什么效果，没有人知道。另外，在一个人的哲学及其政治行为（political behaviour）之间，很少存在密切联系。在逻辑（logic）和数学基础（foundations of mathematics）方面，弗雷格（Frege，1848—1925）是一位深刻的思想家（thinker）——但是，出现在其日记中的政治学（politics）却是最原始的那种政治学。那正是麻烦。诸如现在发生在东欧和（不怎么明显）世界其他地方的那些事件，更一般的说来，人类的一切事件，困扰着理智系统（intellectual scheme）——我们每个个体（individually）都受到挑战，要做出反应，或许还要坚守一种立场。如果做出反应的个人仁慈、有爱心、无私，那么，一种关于历史、哲学、政治学甚至基础物理学［萨哈罗夫（Sakharov，1921—1989）!］的知识可能是有用的，因为这个人可以用仁慈的方式来应用这种知识。我说"可能是"（may be）——因为善良的人们已经爱上了堕落的哲学（rotten philosophies），并用误导性的危险方式来说明他们的行动。米沃什（Czeslaw Milosz，1911—2004）是一例，我在《告别理性》（*Farewell to Reason*）中讨论了他。另外，物质宇宙与道德（morality）有什么关系呢？诺斯替教（相信神秘直觉说的早期基督教）教徒（Gnostics）假定它是一个监狱，那么，我们就应当使我们的道德（moral）适应其像监狱一样的性质吗？确实，诺斯替教（Gnosticism）今天并不流行——但是，新近的发现表明"宇宙学原理"也可能很快成为一个过去的东西。当那发生时，我们应该改变我们的道德吗？一种明智的哲学极少能满足一个明智的人，因为他用仁慈方式来使用它。哈维尔（Vaclav Havel，1936—2011）就是一个例证。他非常清楚地证明：受到这种发展挑战的不是"哲学"，而是每个个人（individual person）。再重申一次，因为正如"科学"（science）作为一种明确的同质的活动领域几乎不存在一样，"哲学"也同样如此。有词汇（words），甚至有概念（concept），但是，人的存在丝毫没有显示概念所蕴含的任何边界（boundary）。

索 引

英汉词汇对照表

A

Absolute precision 绝对精确

absolute space 绝对空间

abstraction 抽象

absurdity 荒谬性，谬论

accident rate 事故率

account 阐释，记述，描述

achievement 成就

action 行动

activity 活动

actor 演员

adaptation 适应

additional information 补充信息

Aeschylus 埃斯库罗斯

aesthetician 美学家

Afar 阿法尔人

after–image 余像

Against Method 《反对方法》

Agamemnon 《阿伽门农》

alternative 替代者

alternative universe 替代宇宙

American Cancer Society 美国癌症协会

analogy 类比

anarchism 无政府主义

anarchist 无政府主义者

anatomy 解剖学

Anaximander 阿那克西曼德

anecdotal evidence 传闻性证据

anger 生气

Annie Hall 《霍尔》

Anscombe 安斯科姆

anthropic principle 人择原理

anthropologist　人类学家

antibiotic　抗生素

Apology　《申辩篇》

apparatus　仪器

acupuncture　针灸

acupuncture meridian　针灸经络

agent　主体

archaeologist　考古学家

archaeology　考古学

argument　论证

aria　咏叹调

Aristophanes　阿里斯托芬

Aristotle　亚里士多德

Aristotelians　亚里士多德学派的人

arithmetic　算术

Arizona　亚利桑那州

Arkansas　阿肯色州

Arnold　阿诺德

Arpad Szabó　萨博

art of healing　医术

art work　艺术作品

Arthur　阿瑟

articulation　清晰度

Asimov　阿西莫夫

aspect　方面

assertion　断言

association　联想

assumption　假设

astroarchaeology　考古天文学

astrologist　占星家

astrology　占星术

astronaut　宇航员

astronomer　天文学家

astronomical event　天文事件

astronomy　天文学

Atkinson　阿特金森

atom　原子

atomic model　原子模型

atomic nucleus　原子核

atomic theory　原子理论

atomism　原子论

atomist　原子论者

attempt　尝试

attitude　态度

audience　听众

Augustus　奥古斯都

Austria　奥地利

authority　权威

autobiography　自传

B

Backward Subjects　落后的学科

bad joke　冷笑话

Barbara Cartland　卡特兰

basic physics　基础物理学

basic principle　基本原理

basic statement　基础陈述

Beckett　贝克特

behaviourist　行为主义者

being　存在

Bela Lugosi　卢戈西

belief　信念

Bell　贝尔

Berlin　柏林

Berkeley　伯克利

the Bernoullis　伯努利家族

Bert Brecht　布莱希特

Big Bang　大爆炸

biological evidence　生物学证据

biological system　生物系统

biologist　生物学家

biology　生物学

biopsy　活组织检查

birdwatcher　鸟类观察家

blind spot　盲点

Bloor　布鲁尔

The Book of Enoch　《以诺书》

boredom　厌烦

botanist　植物学家

brainwashing procedure　洗脑规程

breast cancer　乳腺癌

Breuer　布罗伊尔

breviary　每日祷告

Brooklynese　布鲁克林口音

Bruce　布鲁斯

Bohr　玻尔

Börne　伯尼

boson　玻色子

Buddhist　佛教徒

Byron　拜伦

C

California　加利福尼亚州

cancer research　癌症研究

Caratheodory　卡拉西奥多里

Carl Friedrich von Weizsaecker　魏茨扎克

category　类别

causal law　因果规律

celestial navigation　天国行游

celestial sphere　天球

cell　细胞

CERN，Conseil Européen pour la Recherche
　　　Nucléaire　欧洲核物理研究所

Chairman Mao　毛泽东主席

change　变化

chaos　混沌

character　角色，品性

charity　仁慈

Charles   查尔斯

chemist   化学家

chemistry   化学

Chemistry, Quantum Mechanics and Reductionism 《化学、量子力学和还原论》

chimaera   幻想，妄想

Christ   基督

Christian   基督教徒

Christianity   基督教

Chuangtse   庄子

church   教会

church father   教父

circle   圆

Clouds 《云》

circumstance   环境

civilization   文明

claim   断言

clarity   明晰

classical electromagnetism   经典电磁学

classical mechanics   经典力学

classical optics   经典光学

classification   分类

clinical psychologist   临床心理学家

coffin   棺材

collaborator   合作者

Collected Works 《文集》

collector's box   收集箱

colonization   殖民地化

comet   彗星

commandment   戒条

commensurable   可公度的

common citizen   普通公民

common people   普通人

commonsense   常识

community   共同体

complementarity   互补性

complementary magnitudes   互补量

complexity   复杂性

composer   作曲家

comprehensibility   综合性

comprehensive world view   综合的世界观

computer   计算机

computer printout   计算机打印资料

concept   概念

conception   观念

conference   会议

confession   忏悔

confirm   确证

conflict   冲突

confusion   困惑

conjecture   猜想

consciousness   意识

conservation of Being   存在守恒

consistency　一致性

content increase　内容增加

context　与境，语境

context of discovery　发现的与境

context of justification　辩护的与境

contradiction　矛盾

contribution　贡献

control group　对照组

conversion　转换

conviction　信仰

Copernicus　哥白尼

correct method　正确方法

correlation　关联，相关性

cosmic rope　宇宙绳

cosmological principle　宇宙学原理

cosmology　宇宙学

counter-argument　反论证

counter-example　反例

court　法庭

creature　顺从者

creed　信条

Crick　克里克

crime　罪行

criterion　标准

critical rationalism　批判理性主义

critical rationalist　批判理性主义者

critical theatre　批判戏剧

criticism　批判

cultural context　文化与境

culture　文化

curiosity　好奇心

curricula　课程

cynicism　犬儒主义

Czeslaw Milosz　米沃什

D

Dadaism　达达主义

Dallas and Dynasty　《达拉斯和王朝》

Daniel Greenberg　格林伯格

dark-adaptation　暗适应

dark room　暗室

data　数据

David　大卫

death　死亡

debate　争论

decency　体面，正派

deconstructionist　解构主义的

defender　辩护者

definiteness　确定性

definition　定义

democracy　民主制

democratic virtue　民主德行

Democritean atom　德谟克利特的原子

Democritus　德谟克利特

demon　魔鬼

Derrida　德里达

description　描述

deus–sive–natura　上帝－或－自然

developer　发展者

development　发展

deviation　偏离

diagnosis　诊断

dialectical presentation　辩证呈现

dialogue　对话

dice　骰子

difference　差异

dimension　维度

direct evidence　直接证据

discourse　话语

discovery　发现

distinction　区别

divine message　神意

doctor　医生

Doctor Jekyll　哲基尔博士

Dogmatist　独断论者

Dogon　多贡人

Don Giovanni　乔瓦尼

Donald　唐纳德

Donald Davidson　戴维森

Donna Elvira　爱尔维拉

Dr. Cole　科尔博士

Dr. Frankenstein　弗兰肯斯坦博士

Dr. Mabuse　马布斯博士

Dracula　德拉库拉

drama　戏剧

dramatist　戏剧家

drawing　图画

dream　梦想

duty　职责

E

Earth　地球

earthquake　地震

Eastern Europe　东欧

the ecliptic　黄道

ecological philosophy　生态哲学

ecologist　生态学家

education　教育

educational system　教育系统

educator　教育者

efficiency　效能，有效性

Ehrenhaft　埃伦哈福特

Einstein　爱因斯坦

Einstein–Podolsky–Rosen Correlations　爱因斯坦－波多尔斯基－罗森关联

Einstein's equations　爱因斯坦方程

element　要素

elementary particle　基本粒子

emotion　感情，情感

emotionalism　情感主义

empirical content　经验内容

empiricist　经验论者

energy　精力

engineer　工程师

enlightenment　启蒙

Enoch　以诺

Enrico IV　《亨利四世》

enthusiasm　狂热

entity　实体

Ephesus　以弗所

epics　史诗

epistemology　认识论

equal right　平等的权利

equipment　设备

equivalence　等价

Ernst Bloch　布洛赫

Erwin Schrodinger　薛定谔

escape velocities　逃逸速度

essay　散文

estimate　评价

ethical system　伦理系统

Ethiopia　埃塞俄比亚

Euclidian tradition　欧几里得传统

Euler　欧拉

Euthydemus　《尤息德谟篇》

evidence　证据

Evil　恶

evolutionary account　演化描述

evolutionary theory　演化理论

examination　检验

example　例证，例子

existential dimension　生存维度

existentialist　存在主义者

experience　经历，经验，体验

experiment　实验

experimental equipment　实验设备

experimenter　实验者

expert　专家

expertise　专业知识

explanation　说明

Expressionism　表现主义

Ezra Pound　庞德

F

fact　事实

factual content　事实内容

factual report　事实记述

fairytale　童话，童话故事

faith　信仰

faith-healing　信仰疗法

falsehood　虚假性，谬误

falsifiability　可证伪性

falsification 证伪

falsificationism 证伪主义

fantasy 幻想

Farewell to Reason 《告别理性》

the Federal Institute of Technology in Zurich
苏黎世联邦工学院

feeling 感觉，感情

fermion 费米子

Feyerabend 费耶阿本德

field of vision 视野

film 电影

fixed star 恒星

follower 追随者

form of life 生活形式

formal logic 形式逻辑

formalism 形式主义

formula 公式

formulation 系统阐述

Foucault 福科

foundations of mathematics 数学基础

fraction 分数

Frans Inglefinger 英格尔费因戈

fraud 欺骗

free society 自由社会

free will 自由意志

freedom 自由

Freud 弗洛伊德

Freudianism 弗洛伊德学说

Frege 弗雷格

function 功能

fundamental concept 基本概念

fundamental theory 基本理论

fundamentalist 信奉正统派基督教的人

G

Gaetano 盖塔诺

galaxy 星系

Galileo 伽利略

gauge theory 标准理论

general assembly 代表大会

general statement 一般陈述

general theory of relativity 广义相对论

generality 一般性

geocentric system 以地球为中心的系统

geologist 地质学家

geometry 几何学

Germany 德国

get the feel 熟悉

giant 巨人

Gnosticism 诺斯替教

Gnostics 诺斯替教徒

God 上帝

gods of Homer 荷马诸神

Goedel's incompleteness proof 哥德尔不完

备性证明

Goering　戈林	Hellenistic times　希腊化时代
Goethe　歌德	Heraclitus　赫拉克利特
Good　善	herbalism　草药医术学
Gorgias　高尔吉亚	Hermeticists　赫尔墨斯神智学的信奉者
grammar　语法学	Herod　希律王
Grammarian　语法学家	Herodotus　希罗多德
Grazia　格拉茨娅	heroine　女主人公
The great Pan　伟大的潘神	heroism　英雄主义
Greek　希腊文	Hesiod　赫西奥德
Grillparzer　格里尔帕策	high energy physicist　高能物理学家
group　团体	historian　历史学家

historian of philosophy　哲学史家

historian of science　科学史家

H

historical account　历史阐释，历史记述

H. Oeser　沃瑟	historical event　历史事件
Halstead method　哈尔斯特德方法	historical process　历史过程
Hamilton　哈密顿	historical situation　历史情境
Hans Primas　普里马斯	history　历史
harmony　和声学，和谐	history of the sciences　科学史
Hawking　霍金	Hitler　希特勒
Hawkins　霍金斯	hoax　骗局
health　健康	Hollitscher　霍利切尔
Hebrew prophet　希伯来先知	Holton　霍耳顿
Hegelian　黑格尔学派	homeopathy　顺势疗法
Heidegger　海德格尔	Homer　荷马
Heine　海涅	Homeric epics　荷马史诗
Heisenberg　海森堡	Homeric world　荷马世界

homo sapiens　智人

honesty　诚实

honesty-computer　诚实计算机

Hopi　霍皮人

Hopi medicine　霍皮医学

horoscope　星象算命，星象

human being　人

Human Guinea Pigs　《人类试验品》

human relation　人际关系

The Humanist　《人文主义者》

humanitarian　人道主义者

humanitarian attitude　人道主义态度

humanitarian philosophy　人道主义哲学

humanitarianism　人道主义

humanities　人文学科

humanity　人类，人性

Hume's problem　休谟问题

humour　幽默

hunch　直觉

hypothesis　假说

I

idea　思想，想法

ideology　意识形态

ignoramus　笨蛋，无知者

ignorance　无知

ignorant　无知者

Iliad　《伊利亚特》

illiterate　无知者

illness　疾病

illusion　假象

Ilongot　伊隆戈人

implement　工具

impression　印象

improvement　改进

inbuilt protection　内在的保护

incommensurable　不可通约的

incommensurability　不可通约性

indirect evidence　间接证据

individual case　个案

individual element　个体要素

individual psychology　个体心理学

indivisible block　不可分的团块

induced magnetism　感生磁性

infectious disease　传染病

influence　影响

informal report　非正式的报告

ingenuity　创造力

Ingmar Bergman　伯格曼

Injust　邪恶

inner life　内心生活

inquisitor　异端裁判官

instinct　本能，天性

institution　制度

instrument 工具，仪器

intellectual 知识分子

intellectual autobiography 思想自传

intellectual elite 理智精英

intellectual parasite 理智寄生虫

intellectualist monster 理智主义怪物

interest 兴趣

internal life 内心生活

interpretation 解释

interview 访谈

introspectionist 内省主义者

intuition 直觉

inventiveness 创造性

Ion 《伊安篇》

irrational number 无理数

irrationality 无理性

irreversibility 不可逆性

Ivan Illich 伊里奇

J

Jack 杰克

Jackson Pollock 波洛克

Jean Paul 保罗

Jew 犹太教徒

John Searle 塞尔

Josefine Mutzenbacher 穆岑巴赫

Journal for the History of Astronomy 《天文学史杂志》

judgment 判断

Jung 荣格

Jupiter 木星

Justice 正义

K

Kant 康德

Karl Kraus 克劳斯

katharsis 感情宣泄

Kepler 开普勒

Kepler's laws 开普勒定律

Kierkegaard 克尔凯郭尔

Kiev 基辅

KILLING TIME 《消磨时光》

King Henry Ⅷ 国王亨利八世

knowledge 知识

Knowledge and Passion 《知识与激情》

Kokoschka 科柯施卡

Konrad Lorenz 洛伦兹

Korean 朝鲜语

Krebsbekaempfung, Hoffnung und Realitaet 《癌症防治、希望和现实》

L

laboratory 实验室

Lagrange 拉格朗日

Lakatos 拉卡托斯

language 语言

Laplace 拉普拉斯

law 法律，规律

law of inertia 惯性定律

law of the resistance 抗拒规律

lawyer 律师

laymen 外行

leader 领袖

leader of mankind 人类领袖

learning 学术

Lee Feng 李峰

legend 传说

length 长度

Leslie 莱斯利

Lessing 莱辛

lesson 教训

letter 信件

Lévi-Strauss 列维－施特劳斯

liar 说谎者

liberalism 自由主义

Liliana Cavani 卡瓦妮

lines 台词

linguist 语言学家

liquid drop model 夜滴模型

list 清单

literacy 专业味道

live exchange 现场交流

local population 当地居民

localizable event 可定域的事件

logic 逻辑

logical empiricism 逻辑经验主义

logical relation 逻辑关系

logician 逻辑学家

Logic of Scientific Discovery 《科学发现的逻辑》

logomania 多言癖

love 爱

lunar eclipse 月食

M

magic 魔法

magnetic storm 磁暴

magnification 放大率

main topic 主题

mainstream of science 科学的主流

The Making of Mind 《心灵的构建》

Malinowski 马林诺夫斯基

man 人

mania 狂热

maniac 狂人

Marinetti 马里内蒂

Mark Twain 马克·吐温

Marlene Dietrich 黛德丽

Marshack   马沙克

Marxism   马克思主义

mass   质量

material object   物质客体

material universe   物质宇宙

mathematical entity   数学实体

mathematical physics   数理物理学

mathematician   数学家

matrices   矩阵

matter   问题，物质

Maureen   莫林

McDowell   麦克道尔

meaning   意义

measure   尺度

Medawar   梅达沃

Medicean Planets   美第奇星

medical evidence   医疗证据

medical lore   医学知识

medicine   医术，医学

medical system   医学系统

medieval times   中世纪

medium   媒介，媒休

megalithic structure   巨石结构

memorabilia   纪念物

memory   记忆

mental event   心灵事件

mental phenomena   精神现象

message   信息，主题思想

metabolism   新陈代谢

metaphor   隐喻

metaphysician   形而上学家

metaphysics   形而上学

metastases   转移

meteorology   气象学

method   方法

methodology   方法论

metrology   计量学

Michael Polanyi   波兰尼

Michelle Rosaldo   罗萨尔多

micro-account   微观解释

microbiology   微观生物学

microresearch   微观研究

microscope   显微镜

midwife   助产士

Millikan   密立根

Milman Parry   帕里

mind   心灵

miracle   奇迹

misunderstanding   误解

modern logic   现代逻辑

modern philosophy   现代哲学

modern science   现代科学

molecule   分子

molecular biologist   分子生物学家

molecular biology　分子生物学

molecular science　分子科学

momentum　动量

momentum space　动量空间

monoculture　单一文化

monster　怪物

mood　情绪

Moon　月球

moonshot　登月旅行

moons of Jupiter　木星的卫星

the Moon's path　白道

moral　道德，寓意

morality　道德

mortuary science　丧葬科学

motivation　动机

Mount Tamalpais　塔玛尔派斯山

moving force　动力

music　音乐

mystery　神秘性

myth　神话

N

naive empiricist　素朴经验论者

nation　民族

natural process　自然过程

natural sciences　自然科学

nature god　自然神

nature of knowledge　知识性质

Nazi　纳粹

Nazism　纳粹主义

Nebuchadnezzar　尼布甲尼撒二世

Nei Ching　《（黄帝）内经》

Nestroy　内斯特罗伊

neutrino　中微子

neurologist　神经学家

new class　新阶层

New England Journal of Medicine　《新英格兰医学杂志》

New Mexico　新墨西哥州

new times　新时代

Newton　牛顿

Newton's theory　牛顿理论

The New York Review of Books　《纽约书评》

Nietzsche　尼采

Night Porter　《午夜守门人》

Nobel lecture　诺贝尔讲座

Nobel Prize　诺贝尔奖

Nobel Prize Winner　诺贝尔奖获得者

non-science　非科学

non-scientific tradition　非科学传统

Norbert Herz　赫兹

normal science　常规科学

notion　观念

nova　新星

novel　小说

novelist　小说家

nuclear power　核动力

nuclear reactor　核反应堆

nutation　回动

O

object　物体

objection　反对，反对理由

objective account　客观描述

objective event　客观事件

Objective Knowledge　《客观知识》

objective motion　客观运动

objective relation　客观关系

objective reality　客观实在

objective way　客观方式

objective world　客观世界

objectivity　客观性

obligation　义务

oblong number　长方形数

obscurantism　蒙昧主义

observation　观察

observatory　天文台

observer　观察者

obstacle race　障碍赛

Odyssey　《奥德赛》

ontology　本体论

opinion　意见

opponent　对手

optics　光学

optimist　乐观主义者

order　秩序

ordinary space　普通空间

Oresteia　《俄瑞斯忒亚》

Orestes　俄瑞斯忒斯

organism　有机体

Oscar Wilde　王尔德

outlook　人生观

P

Paracelsus　帕拉塞尔苏斯

paradigm　范式

paradox　悖论

paradoxes of motion　运动悖论

paraphrase　意译

parapsychological phenomena　心灵学现象

parapsychology　心灵学

parity conservation　宇称守恒

Parmenidean block　巴门尼德团块

Parmenides　巴门尼德

participant　参与者

particle　粒子

particle physicist　粒子物理学家

passage　段落

passion　激情

patient　病人

pattern　模式

Paul Starr　斯塔尔

Pauling　鲍林

Peloponnesian war　伯罗奔尼撒战争

perception　感知

permanent feature　永恒特征

permanent substratum　永恒基础

Persians　《波斯人》

personal element　个人因素

personal interview　个人访谈

personal judgment　个人判断

Personal Knowledge　《个人知识》

'personal' physician　"有人性的"医生

personality　人格

perspective　视角

perturbation　摄动

Peter Galison　加里森

Phaedo　斐多

Phaedo　《斐多篇》

Phaedrus　《斐德罗篇》

phenomenal world　现象世界

phenomenological calculation　唯象计算

phenomenological method　唯象方法

phenomenological theory　唯象理论

phenomenon　现象

philosopher　哲学家

philosophical school　哲学学派

philosophy　哲学

philosophy of science　科学哲学

phonetics　语音学

photographer　摄影师

Physical Chemistry　物理化学

physical object　物质客体

physical phenomena　物理现象

physical reality　物理实在

Physical Review Letters　《物理评论快报》

physical science　物理科学

physical theory　物理理论

physician　医生

physicist　物理学家

physics　物理学

physiology　生理学

Picasso　毕加索

picture　图画，图像

pidgin logic　混杂语的逻辑学

pi-meson　π介子

Pirandello　皮兰德娄

Piscator　皮斯卡特

Pittsburgh Centre for the Philosophy of Science　匹茨堡科学哲学中心

plague　瘟疫

planet　行星

planetary astronomy　行星天文学

plasma　等离子体

Plato　柏拉图

Platonic idea　柏拉图的理念

Platonic lingo　柏拉图团体的语言

Platonic pattern　柏拉图模式

plausible scientific assumption　合理的科
　学假设

playwright　剧作家

Podolsky　波多尔斯基

poet　诗人

poetry　诗歌

point of view　观点

political agreement　政治协议

political behaviour　政治行为

politics　政治（学）

pope　教皇

Popper　波普尔

Popper's philosophy　波普尔的哲学

Popperians　波普尔学派

popularizer　普及作家

portraiture　肖像艺术

position　位置，主张

positivist　实证论者

postmodern　后现代

power　权力，神数

practical relativism　实践相对主义

practice　实践

practitioner　从业者，实践者

preacher　说教者

prehistorian　史前史学家

prehistory　史前史

prejudice　偏见

premise　前提

Presentation　表述，呈现

primitive mentality　原始智能

Principia　《自然哲学的数学原理》

principle　原则，原理

principle of correspondence　对应原理

principle of Protagoras　普罗塔哥拉原理

privacy　隐私

procedure　程序，规程

professional　职业人士，专业人士

professor　教授

progression　进步

proliferation　增生

proof　证明

property　特性，性质

proposition　命题

propositional calculus　命题演算

prostate gland　前列腺

Protagoras　普罗塔哥拉

Protagoras　《普罗塔哥拉》

Protagorean opinion　普罗塔哥拉的意见

protective device　保护工具

protective method　保护方法

Psychoanalysis　精神分析

psychoanalyst　精神分析学家

psychological test　心理测验

psychologist　心理学家

psychology　心理学

Pythagorean　毕达哥拉斯的

'pure' knowledge　"纯"知识

purist　纯粹主义者

Q

qualitative account　定性阐释

quantum field theory　量子场理论

quantum mechanics　量子力学

quantum revolution　量子革命

quantum state　量子态

quantum theoretician　量子理论家

quantum theory　量子理论

quark　夸克

R

Rabbi Akiba　阿凯巴拉比

radiation treatment　放射治疗

radical　激进分子

radioastrology　射电占星术

rain-dance　祈雨舞

rain-dancing　祈雨舞

rational account　理性阐释

rational knowledge　理性知识

rational manner　理性方式

rational number　有理数

rational reconstruction　理性重构

rationalist　理性主义者

rationality　理性

raven　渡鸦

RCA，即 Radio Corporation of America 美
国无线电公司

realist　实在论者

reality　实在，真实性

reason　理性，理由，原因

reasoning　推理

receptor　感受器

reduction　还原

re-enactment　再现

reference system　参照系

refutation　反驳

refuting instance　反例

the Reich　第三帝国

repetition　重复性

reconstruction　重构

regularity　规则性

reinterpretation　重新解释

relation　关系

relativism　相对主义

relativist　相对主义者，相对论家

relativity of motion　运动的相对性

religion　宗教

religious significance　宗教意义

renormalization　重正化

Repubblica　《共和报》

Republic　《理想国》

Republican Rome　罗马共和国

reputation　名气

research　研究

research paper　研究论文

research result　研究结果

researcher　研究者

result　结果

retractation　回缩

revolution　革命

Reynes's experiment　雷恩斯实验

rhetoric　修辞

rhetorician　修辞学家

Richard Feynman　费曼

richness　丰富性

right　权利

right balance　适当的平衡

Robespierre　罗伯斯庇尔

Roche's boundary　洛希界限

Romanian　罗马尼亚语

root　根

Rorty　罗蒂

Rosen　罗森

rotating agriculture　轮种农业

Rousseau　卢梭

rule　规则

rule of thumb　经验法则

Russell's paradox　罗素悖论

Rutherford　卢瑟福

S

saint　圣徒

sado-masochistic relationship　施虐受虐狂关系

Sakharov　萨哈罗夫

Samuelson　萨缪尔森

Saturn　土星

say　决定权

sceptic　怀疑论者

scepticism　怀疑论

Schliemann　施里曼

scholarly essay　学术散文

school　学派

school philosophy　学派哲学

Science　《科学》

Science and Government Reports《科学和

政府报告》

scientific knowledge   科学知识

scientific law   科学定律

scientific manner   科学方法

scientific materialism   科学唯物论

scientific matters   科学事务

scientific medicine   科学医学

the scientific mind   科学的心灵

scientific paper   科学论文

scientific physician   科学医生

scientific practice   科学实践

scientific problem   科学问题

scientific procedure   科学程序

scientific school   科学学派

scientist   科学家

sculptor   雕刻家

the Second World War   第二次世界大战

seeing   看见

Seidenberg   赛登伯格

self–justification   自我辩护

self–reference   自指涉

seminar   研讨班

sense   感官，感觉

sense–data   感觉材料

sentence   语句

sentiment   情绪

shaman   萨满教的僧人

short–wave reception   短波接收

sickness   疾病

side effect   副作用

Sidereus Nuncius   《星际使者》

simile   明喻

simplicity   简单性

single magnetic pole   磁单极子

situation   情境，与境

slogan   口号

social component   社会成分

social institution   社会机制

social phenomenon   社会现象

social science   社会科学

social term   社会术语

The Social Transformation of American
　　　Medicine   《美国医学的社会变迁》

sociologist   社会学家

sociology   社会学

Socrates   苏格拉底

solid body   固体

solidity   凝固性

solipsism   唯我论

sophist   智者，智者学派

soul   灵魂

South American country   南美洲国家

space programme   空间计划

special theory of relativity   狭义相对论

specialization　专业化

speech　言语

the Spinozan constipation　斯宾诺莎的限制

sphere　天球层

spirit　神灵

spiritual projection　精神投射

spoken exchange　口头交流

spoken language　口语

square　正方形

square number　正方形数

St Augustine　圣奥古斯丁

stable meaning　稳定的意义

standard　标准

standard edition　标准版

standard equipment　标准设备

standardized language　标准语言

Stanislavsky　斯坦尼斯拉夫斯基

star　恒星

statement　陈述

statistics　统计数据

Stone Age　石器时代

Stonehenge　巨石阵

story　故事

structural disease　结构疾病

structural process　构造过程

structure　结构

stupidity　愚蠢

style　风格

subdivision　子分类

subject　学科，主题，主体

subject matter　主题

subjective event　主观事件

subjectivity　主观性

substance　根基

success　成功

suggestion　建议

Sun　太阳

superchauvinistic　超级沙文主义的

superficiality　肤浅

supergravity　超引力

superstition　迷信

superstring　超弦

superstringer　超弦理论家

supersymmetry　超对称

symbolism　象征主义

symmetry　对称性

sympathy　同情

syphilis　梅毒

system　系统

system of thought　思想系统

systematic account　系统阐释

systems of ideas　思想系统

systems of living　生活系统

T

tacit knowledge　隐知识

talk　谈论

taxpayer　纳税人

teacher　教师

technical term　技术术语

telescope　望远镜

term　术语

Tertius Interveniens　《第三方干预》

test　检验

test procedure　检验程序

testimony　证词

Texas　得克萨斯州

text　文本

textbook　教科书

Thales　泰勒斯

Theaetetus　泰阿泰德

Theaetetus　《泰阿泰德篇》

theatre　戏剧

Theodorus　特奥多鲁

Theogony　《神谱》

theology　神学

theorem　定理

theoretician　理论家

theory　理论

theory-freak　理论狂

theory of elements　元素理论

Theory of Everything　万物理论

theory of knowledge　知识论

theory of relativity　相对论

therapy　治疗

thermodynamics　热力学

thinker　思想家

Thomson　汤姆森

Thorn　桑恩

thought　思想

thought experiment　思想实验

Timaeus　《蒂迈欧篇》

Time　《时代》

time scale　时间尺度

tolerance　宽容

Tolstoy　托尔斯泰

Tom Kuhn　库恩

totalitarian monster　极权主义怪物

tracking station　跟踪站

tradition　传统

traffic law　交通法规

tragedy　悲剧

training　训练

transitional argument　转换论证

translation　翻译

translator　译者

transposition　置换

trial run　试验运行

tribal god　部落神

trilogy　三部曲

Troy　特洛伊

trust　信任

truth　真理

truthfulness　真实

truth–machine　真理机器

Turgenev　屠格涅夫

twin objection　孪生子反对

twistor　扭量

U

uncertainty relations　不确定关系

understanding　理解

understanding the sciences　理解科学

unicorn　独角兽

unity　统一性

universal law　普遍规律

universal principle　普遍原理

universal substance　普遍本质

universe　宇宙

unreality　非现实性

Utopia　乌托邦

utterance　话语

Uzbekistan　乌兹别克斯坦

V

Vaclav Havel　哈维尔

vagueness of term　术语模糊性

validity　有效性

variation　变奏

verisimilitude　逼真性，似真性

view　观点

virtue　德性，美德

Voltaire　伏尔泰

von Neumann　冯·诺依曼

W

Waldheim　瓦尔德海姆

Walter Piston　皮斯顿

war　战争

water treatment　水疗

Watkins　沃特金斯

The Way Experiments End　《实验结束的方式》

way of life　生活方式

weather　天气

well–being　幸福

western medicine　西方医学（西医）

wholeness　整体性

Will Rogers　罗杰斯

William Jones　琼斯

wisdom　智慧

wise men　智者

witchcraft　巫术

witchdoctor　巫医

Wittgenstein　维特根斯坦

Wittgensteinians　维特根斯坦学派

Woody Allen　艾伦

words　言辞

world view　世界观

writer　作家

written dialogue　书面对话

X

Xenophanes　色诺芬尼

Y

Yukawa　汤川秀树

Z

Zeno　芝诺

Zeus　宙斯

译 后 记

费耶阿本德的《知识对话录》（*Three Dialogues on Knowledge*）由三个对话录组成，分别写于 1976 年、1989 年和 1990 年，写作时间跨度长达 15 年之久。其完整的英文版于 1991 年由布莱克威尔（Basil Blackwell）公司出版，读者将要看到的中文译本就是根据此英文版翻译而成。

众所周知，柏拉图的著作即以对话体形式写成，而且，这些著作在西方哲学史上具有极为重要的地位，英国著名哲学家怀特海（Alfred Whitehead，1861—1947）就说过："整个西方哲学史都不过是柏拉图哲学的注脚。"纵然如此，二十世纪以来，对话录形式的哲学著作并不多见。费耶阿本德的《知识对话录》即是其中之一。费耶阿本德虽然著述颇丰，但完整的对话体著作也仅此一本而已。① 由此可见，在当代哲学中，"对

---

① 据笔者所知，费耶阿本德在穆内瓦（Munevar）教授主编的论文集《超越理性：论费耶阿本德哲学》中发表过一篇对话录《结尾的非哲学对话》。这部论文集是专门研究费耶阿本德哲学的，有二十四篇论文，由相关专家撰写而成；书的最后，是这篇对话录，由费耶阿本德自己写成。具体内容，请参见：Feyerabend, Paul. "Concluding Unphilosophical Conversation". In Munevar, G. (ed.). *Beyond Reason: Essays on the Philosophy of Paul Feyerabend.* Dordrecht: Kluwer Academic Publishers，1991. pp.487–527.

话"并非易事，对话体著作成为稀缺资源。

按照中国当今的科研考核标准，论文和论著是正儿八经的学术成果，但对话体著作就有点不伦不类了，不好算作学术成果。论文或论著是发表思想、知识或信息，只出不进，没有回应，没有形成市场。因此，国外的学术刊物上经常发表一些评论或问题讨论，形成学术市场，以弥补论文或论著的不足。可是，我国学术刊物几乎都是论文的天下，极少见评论或讨论。讲课或讲座，如果是一言堂，台上的讲，台下的听，也是如此，所以，为了矫正，增加个互动环节，听者提问，讲者作答，也算是形成了有限的市场。如果一个人阅读或听讲，不与作者或讲者进行"对话"，不进行质疑、思考和批判，就很难有研究上的收获。当然，要对话，就得棋逢对手，水平相当，否则，就只有学习的份了。如果没有水平和能力进行"对话"，看看评论、讨论和批判可能会有大收获，也是提高学术水平的捷径。

因此，我个人觉得"对话体"是最好的学术写作形式，至少在哲学中是如此。阅读对话体著作，读者不得不思考，哪一方说得有理，哪一方在狡辩，原因是什么，从而会不断促使自己深入思考，提升学术研究水平。正因为如此，伟大的量子力学家海森堡说："科学来源于讨论，扎根于交流。"如果只读一种观点的读物，不进行"对话"，不论阅读量多么大，都有可能被洗脑，不可能学会独立思考，形成独立判断，更不可能有"自由之思想，独立之精神"。正因为如此，有些所谓的知识分子，虽然智商很高，也读了不少书，但很俗很"傻"，很偏执，小事极为精明，大事极为糊涂，其所作所为令人匪夷所思。由此看来，对话录著作是最好的精神食粮。

费耶阿本德认为，最好的对话是真实的现场对话，活生生，让人有如身临其境，不仅有言语交锋，传递思想、知识和信息，而且还能观察表情、神态、语调等，体验情感和气氛，构建氛围，形成对话的活市场。只有在这种对话的活市场上，人们才能更好地了解对话者的思想、观念、知识水平和信息储备，才能进行有效的对话，从而碰撞出新的东西。因此，在费耶阿本德看来，本书的这种书面对话并不完美，是退而求其次的东西。

在本书的这三个对话录中，费耶阿本德最满意的是第一个，所以，就把它放在最前面，尽管从写作时间来看，它是最迟的，写于1990年。从写作形式上来看，第一对话录是一个话剧的剧本，描述了大学研讨班的一个讨论活动，参与讨论的师生有十五位，不仅有言语描述，还描绘了体态、神态和内心活动，是真正的舞台剧。费耶阿本德在加州大学伯克利分校任教时，穆内瓦教授当时是其学生，据后者回忆，前者所组织的研讨班就是这样的。详细的情况，请参见穆内瓦教授专门为此书所写的中文版序，此处就不赘述了。该对话录的主题是什么，结论是什么？这些问题不易回答。费耶阿本德所有著作的目的几乎都在于批判别人，而不在于得出自己的结论，再加上他知识渊博，涉及领域甚广，所以，不少人读其著作，抓不住要领，读该对话录，就更是如此了。不过，第一对话录的主线还是很明确的，以柏拉图的《泰阿泰德篇》为文本，围绕知识的定义进行讨论，但最后并没有给出知识的定义，没有明确的结论，讨论的主题也变化不定，涉及很多论题，有的学生表示失望，对话的结尾处对此有很好的描述：

科尔博士（看看他的表）：已经过时间了？我们只讨论了这篇对话的一半。

唐纳德：对——我试图做了一些笔记，但你们漫无目的地从一个论题跳到另一个论题，这完全是一片混乱……

（格拉茨娅与科尔博士一起离开了，两人热烈地交谈着。大家都离开了。唐纳德独自一人留在原来的位置，咕哝说）：这是我的最后的哲学课了。我将永远不再上这样的课了。（英文版第45页）

从该对话录的结尾来看，科尔博士还是代表了费耶阿本德，至少在某方面是如此。"格瑞茨娅与科尔博士一起离开，两人热烈交谈"还是意味深长的。我们知道，格瑞茨娅成为费耶阿本德的最后一任夫人。当然，费耶阿本德的思想和观点很少由科尔博士说出来，不少对话者对其都有言说，言说最多的可能是阿瑟。

在这三个对话录中，费耶阿本德最不满意的是第二个，尽管其写得最早（写于1976年），但并没有排在篇首，而是排在中间。第二对话录像一个媒体访谈节目，或者说像一台二人对口相声，两位对话者很不对等，A一般只说几句话，而B却侃侃而谈，滔滔不绝，有时甚至成为一言堂：最长的地方，B一口气讲了六页多（英文版第94—100页）；另一个地方，B也不间断地讲了五页多（英文版第110—115页）。因此，费耶阿本德自己就说："本书中的这些对话在许多方面是不完美的。这尤其适合于第二个对话，它并不真正是一个对话，而是对一个无助的受害者进行抨击（diatribe）。"（英文版第165页）在该对话录中，A代表波普尔学派（即批判理性主义学派或证伪主义学派），B代表费耶阿本德自己。简而言之，该对话录主线可以概括为费耶阿本德对波普尔学派进行猛烈批判。例如，文中借用薛定谔之口来贬损波普尔：

> **B：**我与薛定谔一起吃午饭，他带了波普尔的这本书（《科学发现的逻辑》），指着它，怒气冲冲地说："波普尔以为他是谁？他声称他已经解决了休谟问题。他压根没有做这个事。现在，他想把这本书献给我！"（英文版第86页）

尽管波普尔曾经是费耶阿本德的老师，而且老师对学生还多有提携，但是，二人关系公开恶化后，这个往日的学生对老师批判起来却毫不留情，一概否定。当然，该对话录涉及的论题和内容也非常丰富，而且篇幅最长，约为80页（而其他两个对话录的篇幅均为40页左右）。读者朋友如果感兴趣，可以自己阅读揣摩，笔者在这里就不啰唆了。

从写作形式、写作时间和内容来看，第三对话录是第二对话录的续集，如继续批判理性和理性主义："我是今天一切理性主义的仇敌，而且不可和解……"（英文版第 123 页，第二对话录）；"'理性'经常被用来奴役人，或者，甚至用来杀人。罗伯斯庇尔（Robespierre，1758—1794）是一位理性主义者……确实，理性主义者没有杀人，但是，他们扼杀人的心灵……"（英文版第 154 页，第三对话录）。与前两个对话录相比，费耶阿本德在第三对话录中对自己的思想和学术研究做了更多的解释和说明，下面列举一些：自己不是哲学家，而是哲学教授；哲学家是专业人士，自己不是专业人士，也不想成为专业人士，特定的学科不会使他感兴趣；非常欣赏柏拉图和亚里士多德，但他们不是"哲学家"，他们研究处理一切（英文版第 153 页）；自己的哲学不是理论，而是故事，不易言说，只有与相冲突的东西碰撞时，它才显示自身（英文版第 158 页）。另外，在文中，费耶阿本德还承认自己是相对主义者，他说："在某种程度上，我是相对主义者。但是，我与某些相对主义（relativism）形式有很大分歧"（英文版第 151 页）。在该对话快要结束时，费耶阿本德还谈了自己的一些学术工作计划，如撰写自传《消磨时光》（*Killing Time*）。不过，在第三对话录中，两位对话者不对等的情况，有较大改进。B 虽然说的仍比 A 多，但B 一口气讲好几页的情况没有了。B 还是代表费耶阿本德自己，但 A 似乎只是个发问者，没有固定的观点。

纵观全书，一个不变的主题是：强调所有的认识传统平权，为非科学的传统（神话、宗教、巫术、占星术和中医药等）辩护。在《自由社会中的科学》中，费耶阿本德就特别强调了这一主题。近代以来，西方认识传统不断扩张，其他认识传统日益萎缩。面对这种情况，为了保护文化的多样性，费耶阿本德强调这一主题具有合理性。但是，各种认识传统是否无所谓优劣，是否平等，用不同的标准衡量，会得出不同的结论。近代以来，在竞争和对抗中，西方科学传统无疑占据了优势，其他传统明显处于劣势，否则，也不会出现费耶阿本德极力反对的全球性"政科合一"态势。此外，在传统、共同体或集体层次上来谈平等和自由，会导致不平等和不自由，会导致奴役，因为传统或共同体自身并不会说话，那么它的领袖就会代表它说话，俨然成为它的化身。在这种情况下，传统的平等和自由就很快异化为其领袖的平等和自由，但领袖的平等和自由并不等同于其他个体的自由和平等，而且，领袖的平等和自由往往是以奴役其传统内的其他个体为代价的。平等和自由的主体应该是个体，而不是空洞的传统，因为只有个体才会感知、体验和言说自身，所以，只有个体的平等和自由才有意义，传统的平等和自由不但没有意义，而且还会导致奴役。在本书中，就出现了这样的情况：费耶阿本德一直在赞美某一传统，但对其内部的压制和奴役却视而不见，并毫不留情地批判这一传统的内部反抗个体，批判这些个体追求个体平等和自由。

费耶阿本德一直对中国文化情有独钟，本书中的中国元素也不少。第一对话录中有一个角色就是中国留学生李峰，他学习物理学或数学，其对话体现了中国特色。在第三对话录中，费耶阿本德引用《庄子·应帝王》中混沌的故事，以此来说明科学技术的负面作用。在三个对话录中，他多次称颂中医药和针灸，提到《黄帝内经》。他在著作中不时赞美毛泽东或毛泽东思想，也引用毛泽东的著作，但在此书中，只有一次提到毛泽东。

费耶阿本德的哲学发展可以大体上划分为三个阶段：第一阶段，研究物理学哲学；第二阶段，研究一般科学哲学；第三阶段，研究古希腊哲学。从写作时间来看，本书跨越了后两个阶段。纵观费耶阿本德的全部哲学，认识论（或知识论）是其研究的核心内容，目的在于探寻人类的认识之谜。因此，可以毫不夸张地说:《知识对话录》囊括了费耶阿本德哲学的精华，至少是后两个发展阶段的精华。广而言之，认识论是全部哲学的基础，它解决人能知道什么、人的认识能力有多大、什么可知、什么不可知、如何获得知识、知识基础是否可靠等一系列问题，没有对这些问题的认识和判断，本体论、伦理学和价值论等方面的言说就可能是一笔糊涂账，甚至所有的言说都是一笔糊涂账，因为一切言说终究是人的认识的表达，而对认识问题没有把握，那么，言说到底是对世界的言说，还是人的一种虚妄，就不得而知了。正因为如此，贝克莱（George Berkeley，1685—1753）说"存在就是被感知"，苏格拉底说"美德即知识"。

从阅读愉悦性来看，本书采用对话体形式，像人们聊天唠嗑，像舞台剧，生动活泼，术语简单明了，具有感染吸引力，可读性极强，因此，它是不可多得的哲学读物。非常欢迎读者阅读后进行批评指正，不论是英文原书的问题还是翻译问题，本人知错必改，更期盼就有关问题进行讨论，面谈可以，写信也可以，我的邮箱是 13920598310@163.com。

在翻译过程中，除了原文翻译外，本书还尽可能补充了书中所涉及人物的生卒年，以便于中文读者阅读和理解。当然，有的人物太偏冷，无法查到，没有补充，但这种情况极少。翻译结束后，译者又补充了索引和英汉语汇对照表，以便于读者查找和比对。此外，穆内瓦教授受译者邀请专门为该书写了中文版序，笔者对此表示衷心感谢！

本书的翻译得到家人、同事和朋友的大量帮助，笔者对他们表示深深的谢意！最后，感谢中国科学技术出版社出版本书，特别是对辛兵、杨虚杰、王绍昱及其他工作人员表示诚挚的感谢！她们大力支持本书出版，辛勤劳动，创造性地开展工作，值得钦佩。

《知识对话录》中译本的出版为费耶阿本德著作中文翻译做出了一点贡献。《反对方法》《自由社会中的科学》《告别理性》《征服丰富性》《自然哲学》《科学的专横》和《哲学论文集》（第一、二、三卷）已有中译本，尽管有的译本不令人满意，翻译质量有待提高。《物理学和哲学》是第 4 卷哲学论文集，英文版出版于 2016 年，中译本已经列入出版计划，正在翻译之中。此后，希望把费耶阿本德的自传《消磨时光》早日翻译成中文。如果这些目标实现了，那么，费耶阿本德的主要著作就都有中译本了。

译者　郭元林

2019 年 3 月写于天津